国家出版基金项目
NATIONAL PUBLICATION FOUNDATION

中国草原保护与牧场利用丛书

（汉蒙双语版）

名誉主编 任继周

牧草种子生产技术

李峰 花梅 陶雅

—— 著 ——

上海科学技术出版社

图书在版编目（CIP）数据

牧草种子生产技术 / 李峰，花梅，陶雅著. -- 上海：上海科学技术出版社，2021.1
（中国草原保护与牧场利用丛书 ：汉蒙双语版）
ISBN 978-7-5478-4769-5

Ⅰ. ①牧… Ⅱ. ①李… ②花… ③陶… Ⅲ. ①牧草－种子－生产技术 Ⅳ. ①S540.35

中国版本图书馆CIP数据核字(2020)第239493号

中国草原保护与牧场利用丛书（汉蒙双语版）

牧草种子生产技术

李 峰 花 梅 陶 雅 著

上海世纪出版（集团）有限公司
上 海 科 学 技 术 出 版 社 出版、发行
（上海钦州南路71号 邮政编码200235 www.sstp.cn）
上海中华商务联合印刷有限公司印刷
开本 787×1092 1/16 印张 8.75
字数 140千字
2021年1月第1版 2021年1月第1次印刷
ISBN 978-7-5478-4769-5 / S·194
定价：80.00元

本书由国家牧草产业体系（CARS−34），中国农业科学院创新工程牧草栽培与加工利用团队（CAAS−ASTIP−IGR 2015−02），中央级公益性科研院所基本科研业务费专项（1610332020028），中国农业科学院科技创新工程重大产出科研选题（CAAS−ZDXT 2019004），黑龙江飞鹤乳业有限公司资助。

序

“中国草原保护与牧场利用丛书（汉蒙双语版）”很有特色，令人眼前一亮。

这是一套朴实无华，尊重自然，贴近生产，心里装着牧民和草原生态系统的小智库。该套丛书采用汉蒙两种语言表达了编著者对草原的理解和关怀。这是我国新一代草地科学工作者的青春足迹，弥足珍贵。它记录了编著者的忠诚心志和科学素养，彰显了对草原生态系统整体关怀的现代农业伦理观。

我国是个草原大国，各类天然草原近4亿公顷，约占陆地面积的40%以上，为森林面积的2.5倍、耕地面积的3.2倍，是我国面积最大的陆地生态系统。草原不仅是我国陆地的生态屏障，也是草原与它所养育的牧业民族所共同铸造的草原文明的载体。这是无私的自然留给中华民族的宝贵遗产。我们应清醒地认知，内蒙古草原，尤其是呼伦贝尔草原是欧亚大草原仅存的一角，是自然的、历史的遗产。

这里原本是生草土发育良好，草地丰茂，畜群如云，居民硕壮，万古长青的草地生态系统，人类文明的重要组分，是中华民族获得新鲜活力的源头之一。但是由于农业伦理观缺失的历史背景，先后被农耕生态系统和工业生态系统长期、不断地入侵和干扰，草原生态系统的健康遭受破坏，变为“生态脆弱区”。

目前大国崛起的形势已经到来，我们对草原的科学保护、合理利用、复壮草原生态系统势在必行。党的十九届四中全会提出“坚持和完善生态文明制度体系，促进人与自然和谐共生”。保护好草原，建设好草原生态文明，就是关系边疆各族人民生产、生活和生态环境永续发展，维护草原文化摇篮的千年大计。必须坚持保护优先、自然恢复为主，科技先行、多种措施并举，坚定走生产发展、生活富裕、生态良好的草原发展道路。

目前，草原科学新理念、新技术、新成果多以汉文材料为主，草原牧民汉语识别能力较弱，增加了在少数民族牧民中推广的难度。为此，该套丛书采用汉蒙双语对照，图文并茂，以便牧区广大群众看得懂、学得会和用得上，广泛推广最新研究成果，促进农牧民对汉字的识别能力。

该套丛书涵盖了草原保护与利用、栽培草地建植与管理等实用技术与原理，贯彻最新中央精神，可满足全国高校院所、农业、林业和草业部门对草牧业教材和乡村振兴战略读本的迫切需求。该套丛书的出版，可为恢复“风吹草低见牛羊”的富饶壮美的草原画卷提供有力支撑。

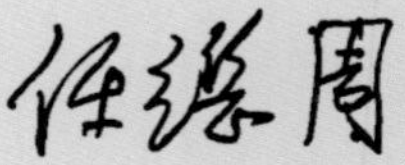

序于涵虚草舍，2019年初冬

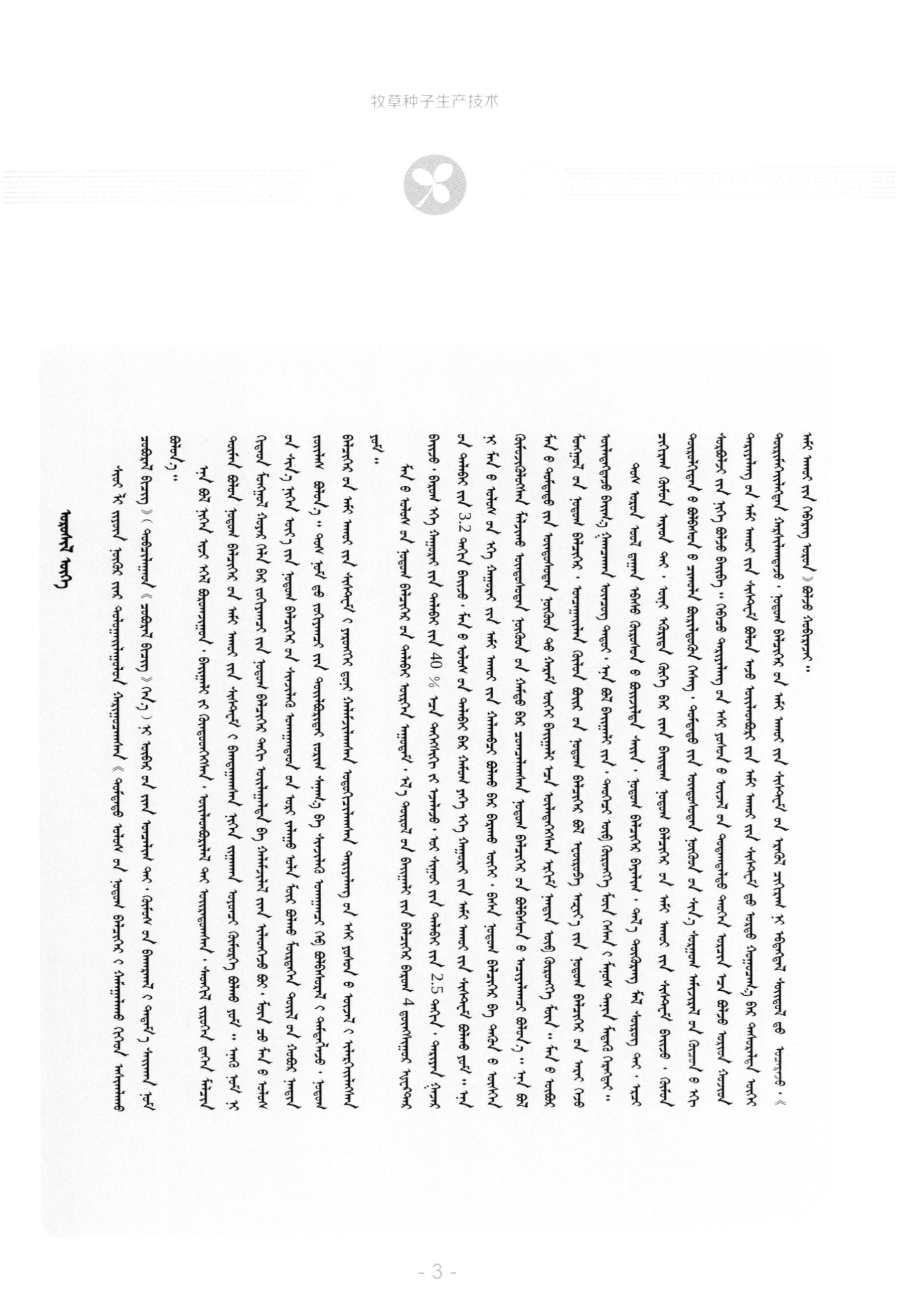

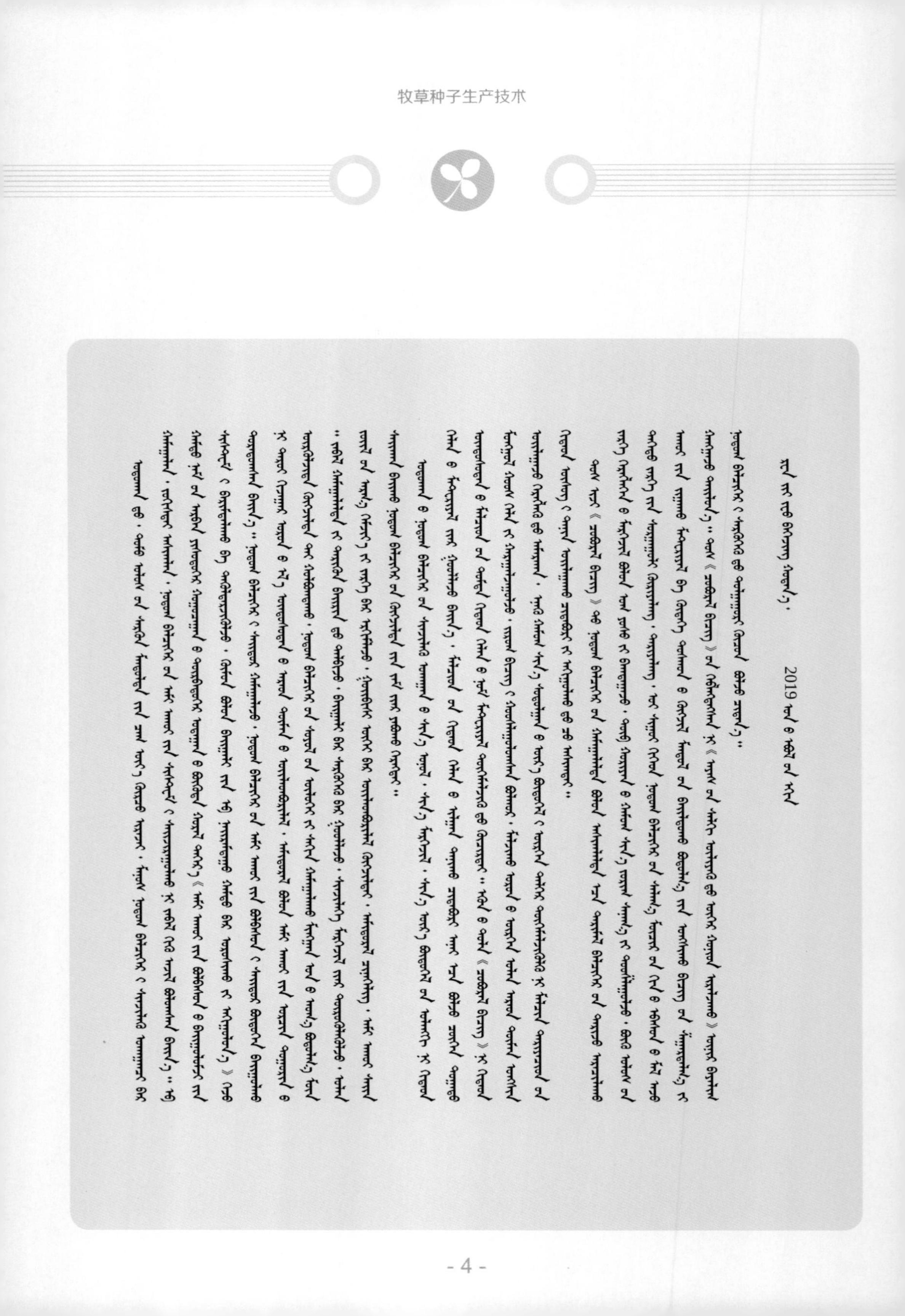

前／言

牧草种子是发展草地畜牧业、治理国土和绿化环境不可缺少的物质基础，是市场流通的重要商品。生产优质的牧草种子既可满足社会需要，又能成为贫困地区农民脱贫的生产手段。随着我国农区种植业结构的调整和中低产田改造的深入，尤其是我国西部大开发战略的实施，牧草种子具有举足轻重的作用。我国草地生态建设将会掀起一个新的高潮，对牧草种子的需求也将跨上一个新的台阶。

作为商品的牧草种子，其产量高低和质量优劣，直接关系到牧草生产、使用和经营者的切身利益。牧草种子的生产是促进我国牧业现代化和农业经济发展的重大举措，对我国西部地区经济发展与生态建设具有非常重要的意义。

本书从牧草种子生产现状、生产特点、生产管理关键环节、收获、精选分级与包装、贮藏几个方面系统阐述了牧草种子生产的全过程，对指导牧草种子生产具有借鉴意义。

李峰

2020年8月

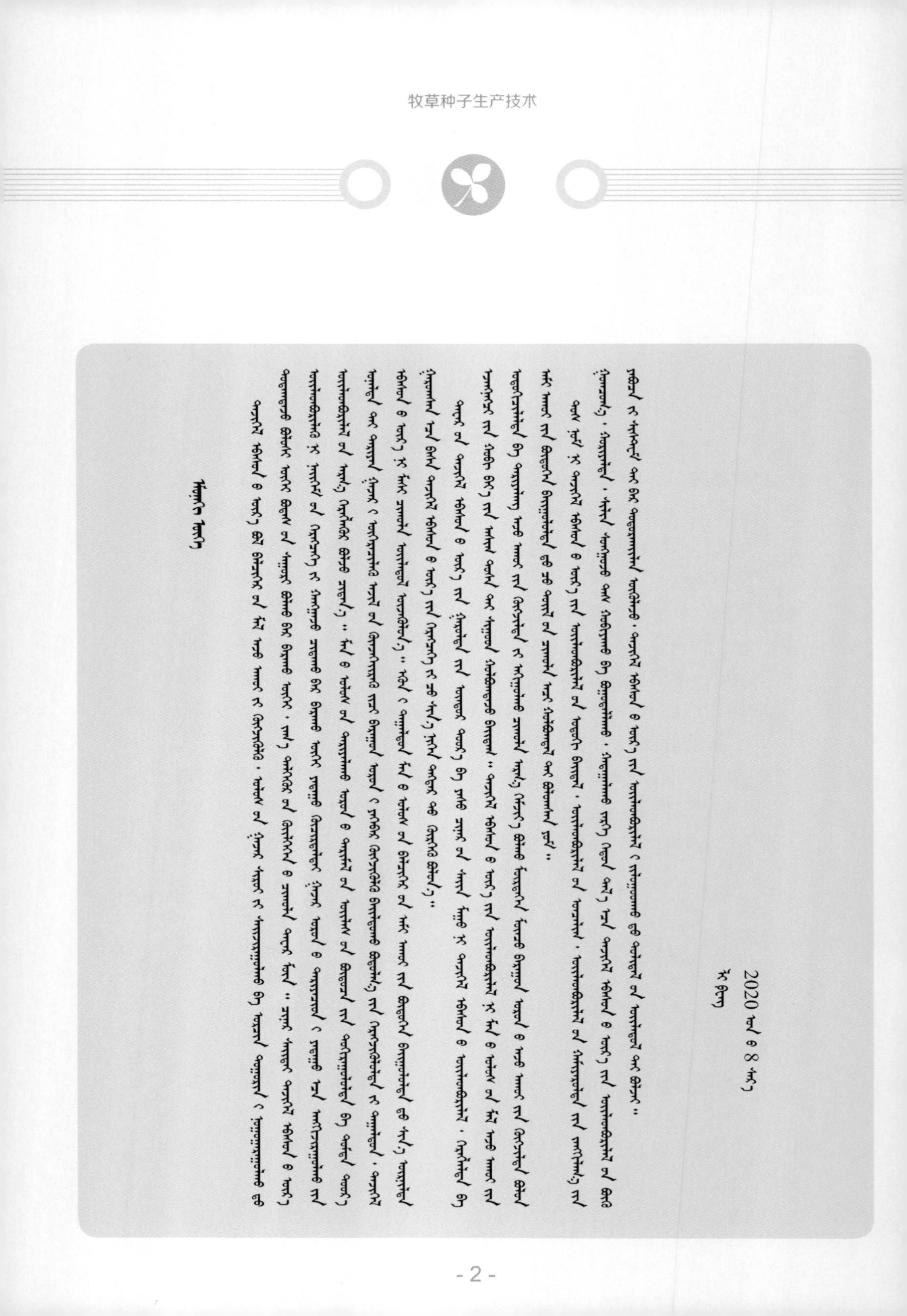

[illegible]

[illegible]

2020 [illegible]

[illegible]

目/录

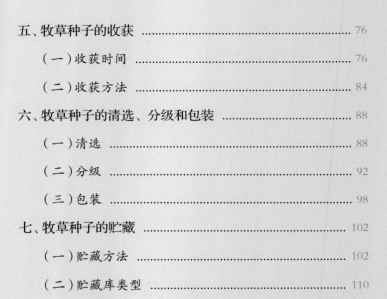

ᠭᠠᠷᠴᠠᠭ

（汉蒙双语版）

牧草种子生产技术

一、牧草种子生产现状

我国牧草种子生产在20世纪80年代初才开始起步，经过十几年的努力，已取得了很大的成绩。然而，同畜牧业发达的国家相比，我国牧草种子总体生产水平还比较低。我国牧草种子生产主要集中在北方地区，南方部分地区主要生产黑麦草和一些热带牧草种子。据资料统计，我国牧草种子近十年来的总产量一直徘徊在2万～5万t，牧草种子生产田已达30万hm^2。西北、西南地区是我国重要的畜牧业生产基地。由于气候、生态条件的多样性，所产牧草种类丰富，其中豆科牧草包括紫花苜蓿、红豆草、沙打旺、毛苕子、草木樨和三叶草等，禾本科牧草主要为老麦芒、燕麦、苏丹草、多花黑麦草、多年生黑麦草和鸭茅等。

《全国生态环境建设规划》将草原区作为生态建设的重点区域之一，今后30年内我国平均每年将新建人工草地和改良草地400万～500万hm^2，使退化、沙化、盐碱化草地得到恢复。这将使我国每年牧草种子的需求量达到20万t左右。此外，在我国环保、园林、体育、旅游事业不断开发的同时，草坪业飞速发展，再加上高速公路、铁路、运动场草坪的建设等，尤其是西部开发大面积的退耕还草将使草坪草和牧草种子的需求量迅速增加。我国每年生产的牧草种子数量有限，不能满足国内人工草地建设和城市绿化的需求，每年需进口大量的牧草和草坪草种子。随着洪水灾害后生态建设工程、草原“三化”治理工程等国家大型工程的上马，牧草种子的需求量将猛增，这对于我国的牧草种子生产是一个严峻的挑战，也是我国牧草种子业发展的一个良好时机。

ᠬᠣᠶᠠᠷ᠂ ᠳᠡᠯᠡᠬᠡᠢ ᠶᠢᠨ ᠮᠠᠯ ᠤᠨ ᠲᠡᠵᠢᠭᠡᠯ ᠦᠨ ᠦᠷ᠎ᠡ ᠶᠢᠨ ᠦᠢᠯᠡᠳᠪᠦᠷᠢ ᠶᠢᠨ ᠲᠥᠯᠥᠪ ᠪᠠᠶᠢᠳᠠᠯ

ᠮᠠᠯ ᠤᠨ ᠲᠡᠵᠢᠭᠡᠯ ᠦᠨ ᠦᠷ᠎ᠡ ᠶᠢᠨ ᠦᠢᠯᠡᠳᠪᠦᠷᠢ ᠶᠢᠨ ᠬᠥᠭᠵᠢᠯ ᠦᠨ ᠲᠡᠦᠬᠡ ᠶᠢ 20 ᠵᠠᠭᠤᠨ ᠤ ᠡᠬᠢᠨ ᠡᠴᠡ ᠡᠬᠢᠯᠡᠭᠰᠡᠨ ᠪᠡᠷ ᠂ ᠮᠠᠯ ᠤᠨ ᠲᠡᠵᠢᠭᠡᠯ ᠦᠨ ᠦᠷ᠎ᠡ ᠶᠢᠨ ᠦᠢᠯᠡᠳᠪᠦᠷᠢ ᠶᠢᠨ ᠬᠠᠷᠢᠴᠠᠩᠭᠤᠢ ᠪᠣᠯᠤᠨ᠎ᠠ ᠃ ᠮᠠᠯ ᠤᠨ ᠲᠡᠵᠢᠭᠡᠯ ᠦᠨ ᠦᠷ᠎ᠡ ᠶᠢᠨ ᠦᠢᠯᠡᠳᠪᠦᠷᠢ ᠶᠢᠨ ᠬᠥᠭᠵᠢᠯ ᠦᠨ ᠦᠶ᠎ᠡ ᠳᠤ 30 ᠣᠨ ᠤ ᠲᠡᠷᠢᠭᠦᠨ ᠡᠴᠡ ᠡᠬᠢᠯᠡᠨ ᠲᠡᠵᠢᠭᠡᠯ ᠦᠨ ᠦᠷ᠎ᠡ ᠶᠢᠨ ᠦᠢᠯᠡᠳᠪᠦᠷᠢ ᠶᠢᠨ ᠬᠡᠮᠵᠢᠶ᠎ᠡ ᠶᠡᠬᠡ ᠪᠣᠯᠤᠭᠰᠠᠨ ᠂ ᠮᠠᠯ ᠤᠨ ᠲᠡᠵᠢᠭᠡᠯ ᠦᠨ ᠦᠷ᠎ᠡ ᠶᠢᠨ ᠦᠢᠯᠡᠳᠪᠦᠷᠢ ᠳᠤ 2～5 ᠣᠨ ᠤ ᠬᠤᠭᠤᠴᠠᠭ᠎ᠠ ᠳᠤ ᠭᠠᠵᠠᠷ ᠦᠨ ᠬᠡᠮᠵᠢᠶ᠎ᠡ ᠶᠢᠨ ᠥᠭᠡᠷᠡᠯᠡᠯᠲᠡ ᠭᠠᠷᠴᠠᠢ ᠃ ᠮᠠᠯ ᠤᠨ ᠲᠡᠵᠢᠭᠡᠯ ᠦᠨ ᠦᠷ᠎ᠡ ᠶᠢᠨ ᠦᠢᠯᠡᠳᠪᠦᠷᠢ ᠳᠦ ᠬᠡᠷᠡᠭᠯᠡᠭᠳᠡᠬᠦ ᠲᠠᠷᠢᠯᠠᠩ ᠤᠨ ᠲᠠᠯᠠᠪᠠᠢ ᠶᠢ ᠥᠷᠭᠡᠳᠬᠡᠵᠦ ᠂ ᠮᠠᠯ ᠤᠨ ᠲᠡᠵᠢᠭᠡᠯ ᠦᠨ ᠦᠷ᠎ᠡ ᠶᠢᠨ ᠦᠢᠯᠡᠳᠪᠦᠷᠢ ᠶᠢᠨ ᠪᠦᠲᠦᠭᠡᠮᠵᠢ ᠶᠢ ᠳᠡᠭᠡᠭᠰᠢᠯᠡᠭᠦᠯᠬᠦ ᠳᠦ ᠴᠢᠬᠤᠯᠠ ᠦᠦᠷᠭᠡ ᠶᠢ ᠭᠦᠢᠴᠡᠳᠬᠡᠵᠦ ᠪᠠᠢᠨ᠎ᠠ ᠃ ᠮᠠᠯ ᠤᠨ ᠲᠡᠵᠢᠭᠡᠯ ᠦᠨ ᠦᠷ᠎ᠡ ᠶᠢᠨ ᠦᠢᠯᠡᠳᠪᠦᠷᠢ ᠶᠢᠨ ᠬᠥᠭᠵᠢᠯ ᠢ 20 ᠵᠠᠭᠤᠨ ᠤ ᠳᠤᠮᠳᠠ ᠦᠶ᠎ᠡ ᠡᠴᠡ ᠡᠬᠢᠯᠡᠨ ᠬᠤᠷᠳᠤᠨ ᠠᠬᠢᠴᠠᠭᠤᠯᠵᠤ ᠂ ᠮᠠᠯ ᠤᠨ ᠲᠡᠵᠢᠭᠡᠯ ᠦᠨ ᠦᠷ᠎ᠡ ᠶᠢᠨ ᠦᠢᠯᠡᠳᠪᠦᠷᠢ ᠶᠢᠨ ᠭᠠᠵᠠᠷ ᠤᠨ ᠬᠡᠮᠵᠢᠶ᠎ᠡ 30 ᠣᠨ ᠤ ᠳᠣᠲᠣᠷ᠎ᠠ ᠮᠠᠯ ᠤᠨ ᠲᠡᠵᠢᠭᠡᠯ ᠦᠨ ᠦᠷ᠎ᠡ ᠶᠢᠨ ᠦᠢᠯᠡᠳᠪᠦᠷᠢ ᠶᠢᠨ ᠬᠡᠮᠵᠢᠶ᠎ᠡ 400～500 ᠲᠦᠮᠡᠨ ᠭᠡᠺᠲ᠋ᠠᠷ ᠤᠨ ᠶᠡᠬᠡ ᠬᠡᠮᠵᠢᠶ᠎ᠡ ᠳᠦ ᠬᠦᠷᠴᠡᠢ ᠃

《ᠮᠣᠩᠭᠣᠯ ᠤᠯᠤᠰ ᠤᠨ ᠮᠠᠯ ᠤᠨ ᠲᠡᠵᠢᠭᠡᠯ ᠦᠨ ᠦᠷ᠎ᠡ ᠶᠢᠨ ᠦᠢᠯᠡᠳᠪᠦᠷᠢ ᠶᠢᠨ ᠬᠥᠭᠵᠢᠯ ᠦᠨ ᠲᠥᠯᠥᠪᠯᠡᠭᠡ》 ᠳᠦ ᠳᠤᠷᠠᠳᠴᠤ ᠪᠠᠶᠢᠭᠰᠠᠨ ᠤ ᠶᠣᠰᠣᠭᠠᠷ ᠂ ᠮᠠᠯ ᠤᠨ ᠲᠡᠵᠢᠭᠡᠯ ᠦᠨ ᠦᠷ᠎ᠡ ᠶᠢᠨ ᠦᠢᠯᠡᠳᠪᠦᠷᠢ ᠶᠢᠨ ᠬᠥᠭᠵᠢᠯ ᠢ ᠳᠡᠮᠵᠢᠬᠦ ᠪᠣᠳᠣᠯᠭ᠎ᠠ ᠶᠢ ᠶᠠᠪᠤᠭᠤᠯᠵᠤ ᠪᠠᠢᠨ᠎ᠠ ᠃

ᠮᠠᠯ ᠤᠨ ᠲᠡᠵᠢᠭᠡᠯ ᠦᠨ ᠦᠷ᠎ᠡ ᠶᠢᠨ ᠦᠢᠯᠡᠳᠪᠦᠷᠢ ᠶᠢᠨ ᠬᠥᠭᠵᠢᠯ ᠦᠨ ᠰᠠᠨ᠎ᠠ ᠪᠣᠳᠣᠯᠭ᠎ᠠ ᠶᠢ ᠶᠠᠪᠤᠭᠤᠯᠬᠤ ᠳᠤ ᠂ ᠮᠠᠯ ᠤᠨ ᠲᠡᠵᠢᠭᠡᠯ ᠦᠨ ᠦᠷ᠎ᠡ ᠶᠢᠨ ᠦᠢᠯᠡᠳᠪᠦᠷᠢ ᠶᠢᠨ ᠪᠦᠰᠡ ᠨᠤᠲᠤᠭ ᠤᠨ ᠬᠤᠪᠢᠶᠠᠷᠢᠯᠠᠯᠲᠠ ᠶᠢ ᠪᠡᠶᠡᠯᠡᠭᠦᠯᠬᠦ ᠳᠦ ᠴᠢᠬᠤᠯᠠ ᠦᠦᠷᠭᠡ ᠲᠡᠢ ᠪᠣᠯᠤᠨ᠎ᠠ ᠃

二、牧草种子生产特点

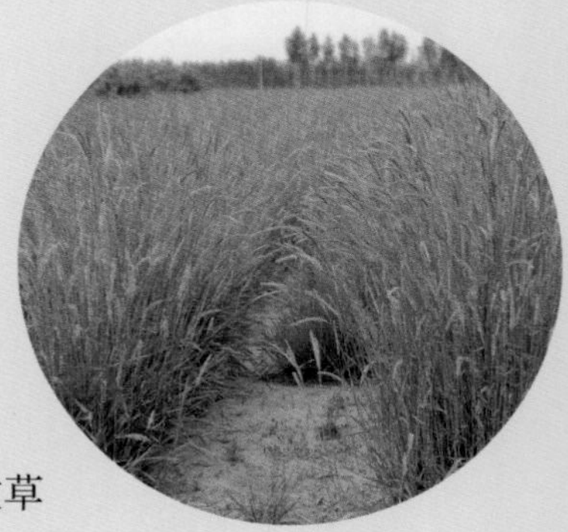

1. 大多采取辅助授粉

大部分牧草都是异花授粉，种子产量较低。授粉情况的好坏直接关系到牧草种子的产量和品质。为了达到增产的目的，常采取人工辅助授粉的技术措施。

（1）禾本科牧草的辅助授粉：禾本科牧草为风媒花植物，在自然情况下借助风力传播花粉。为了正确对禾本科牧草进行辅助授粉，必须了解相关牧草的开花习性。

（2）豆科牧草的辅助授粉：豆科牧草大部分属于虫媒花植物，凭借昆虫进行授粉。

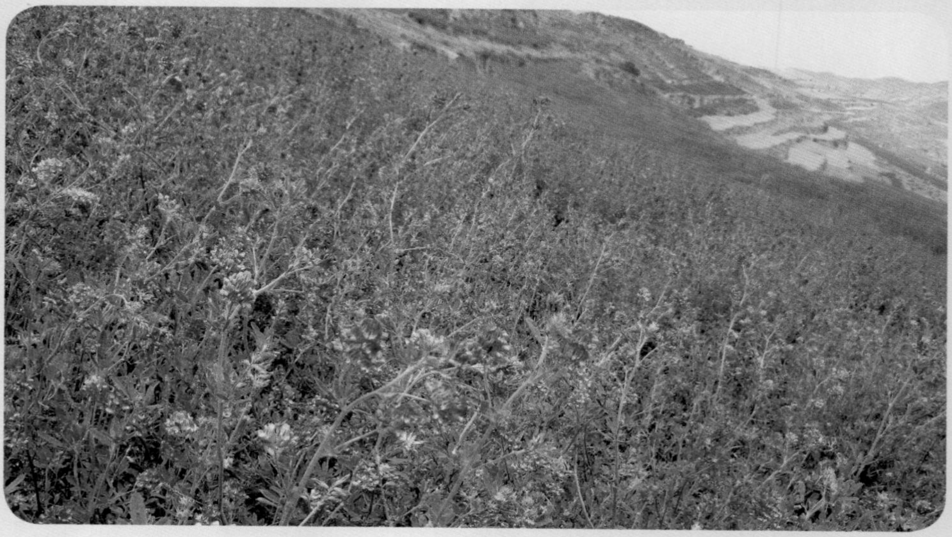

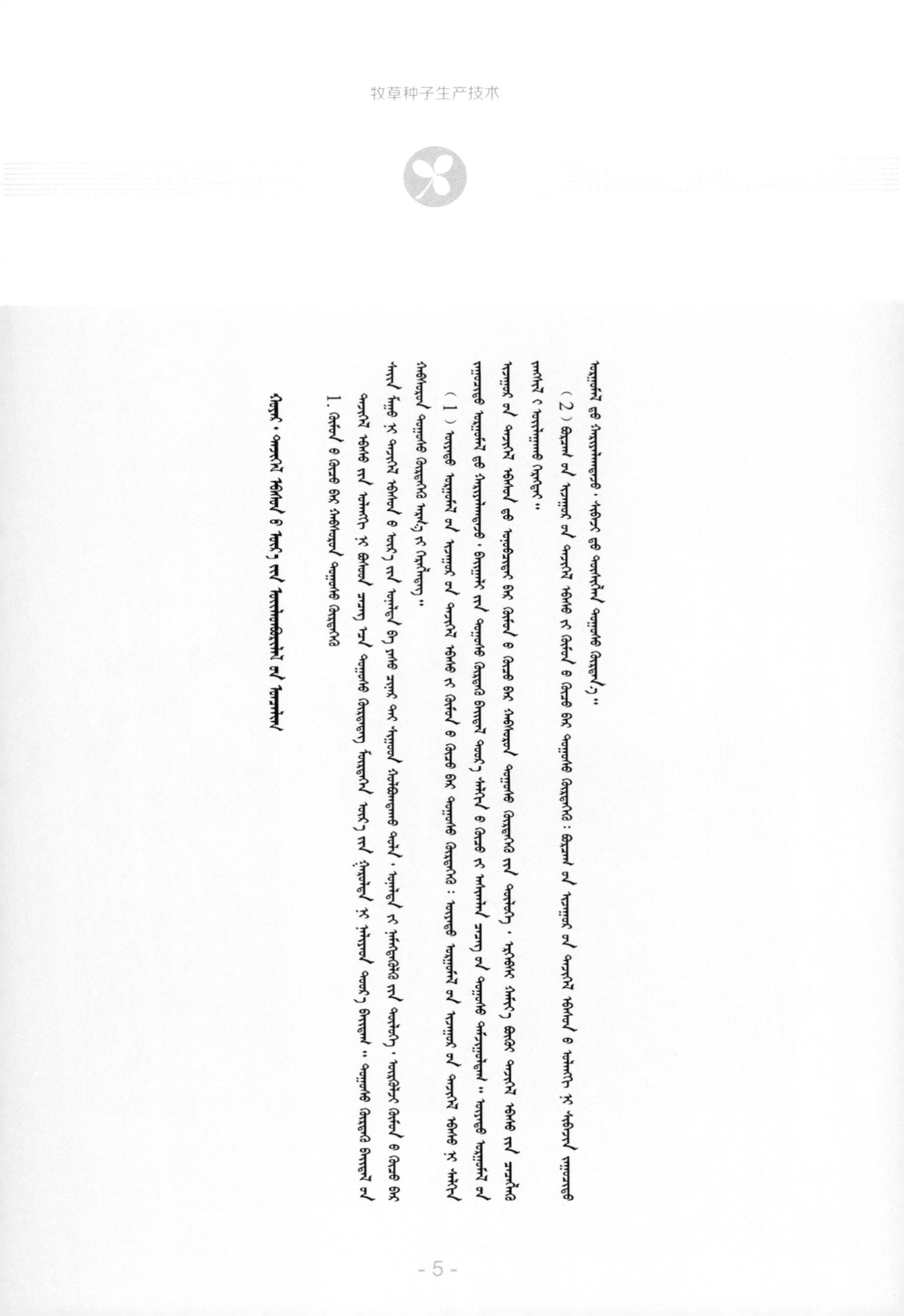

2. 无性繁殖快

具有营养繁殖的功能，有性繁殖功能明显削弱，结实率下降。多年生黑麦草可采用营养繁殖，通常在扩大繁殖优良品种或种子供应不足的情况下采用。一般挖起1 m^2草块，可扩大移栽5 ～ 10 m^2草块，而且栽植后成活迅速，成苗率很高。

3. 花期较长，成熟不一致

以苜蓿为例，花期较长，种子成熟不一致，收获较晚会使种子脱落，应在中下部荚变褐色时及时收获。

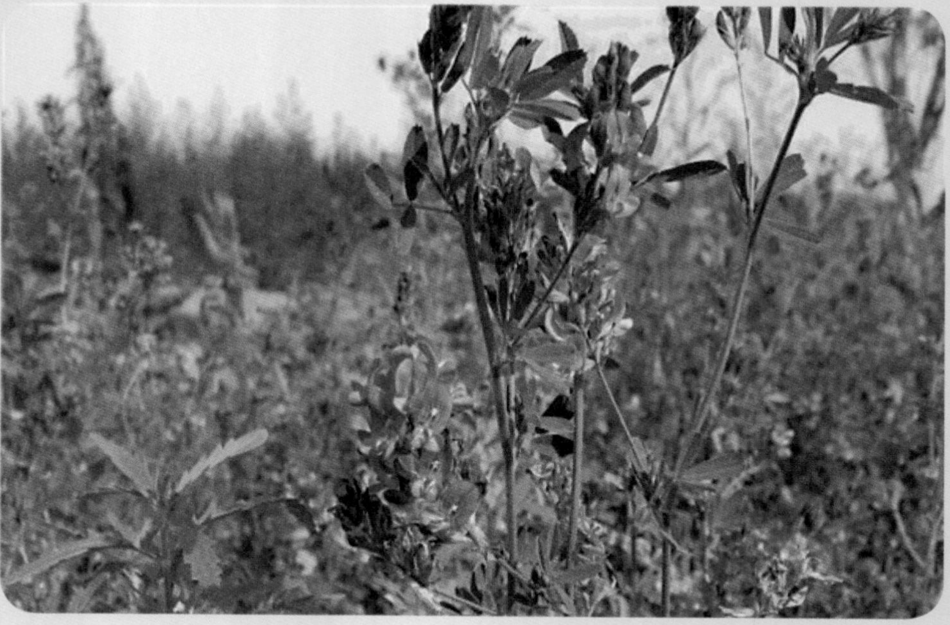

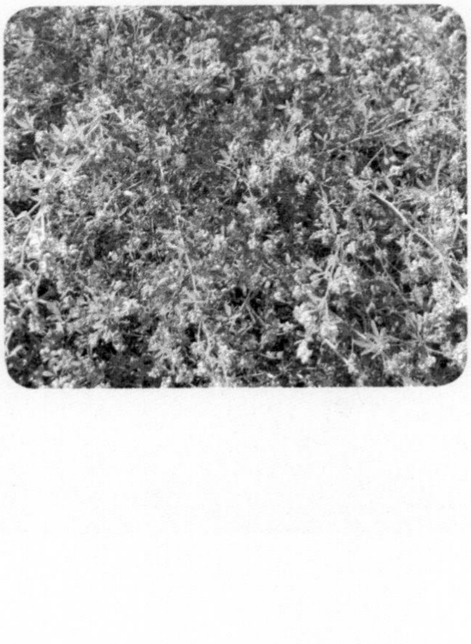

[illegible] ::

[illegible]

3. [illegible]

[illegible] ::

[illegible] :: [illegible] 1 m² [illegible] 5 ~ 10 m² [illegible]

[illegible] :: [illegible]

2. [illegible]

4. 种子落粒性强

合适的落粒率测定方法对于落粒研究具有重要意义。在实际生产和科学研究中，落粒率的测定方法应针对实际情况进行选择。常见的落粒率测定方法包括人工施加压力法、拉力仪法、自然落粒收集法等。

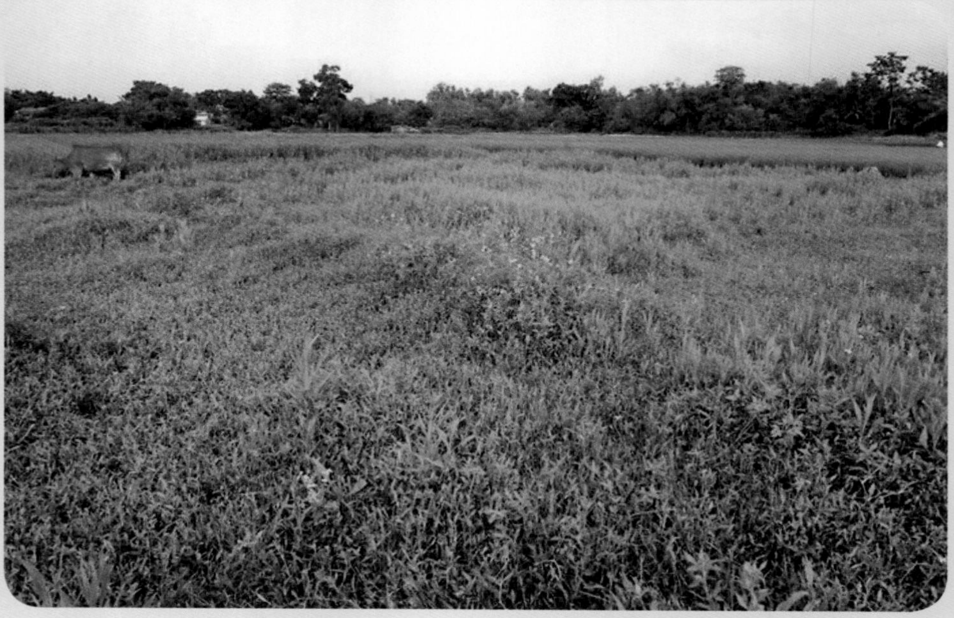

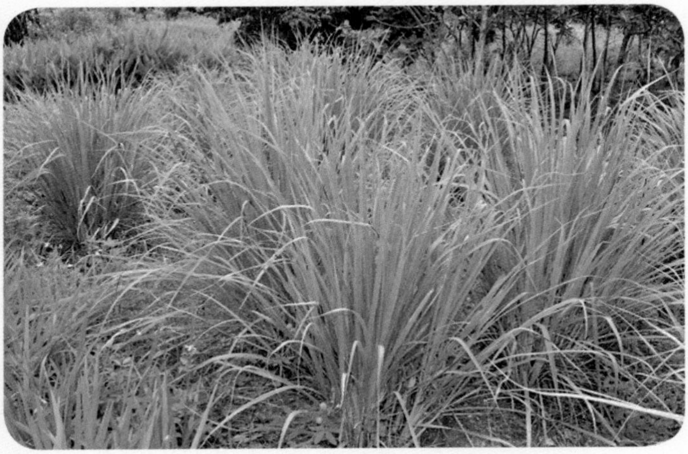

三、牧草种子生产管理关键环节

实践证明，适宜的环境条件加上合理的田间管理才能获得较高的牧草种子产量。我国牧草种子生产技术相对落后，缺乏科学、合理的管理措施，同国际商品化牧草种子生产相比存在很大差距。在国际牧草种子生产50余年的发展过程中，播种时间、肥料种类、施肥量、施肥时间、杂草控制、病虫害防治、收获时间和方法等，历来是种子生产者所关注的重要问题。

我国在20世纪50年代建立了20多个草种繁育场，由于受各种因素的影响，目前保存下来的为数不多，进入80年代牧草种业才有了较快的发展。长期以来，种子生产者采取“广种薄收、粗放管理”的经营模式，对种子科学基础研究的投入少，导致牧草种子生产方式和技术落后，种子产量较低，平均为300 ～ 400 kg/hm^2。另外，在种子生产中沿用传统的留种方式，种子收获采用人工收种、手工清选，缺乏科学、合理的田间管理技术和先进的清选加工设备，造成种子质量差，严重影响草地建设的质量和牧草种业的健康发展。

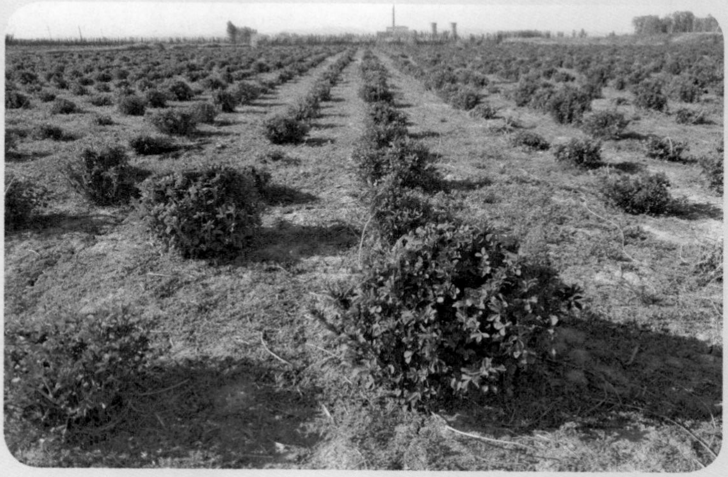

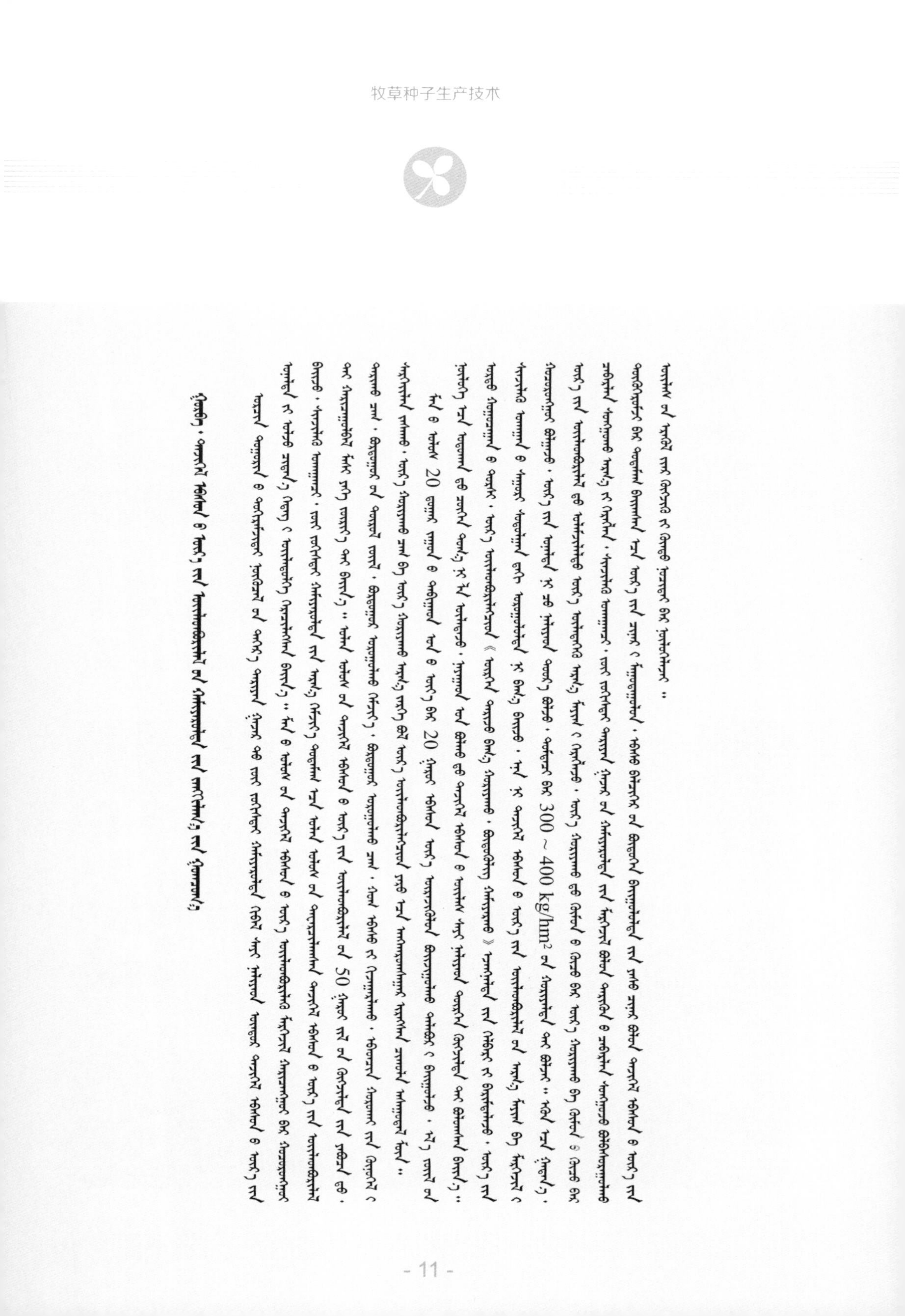

[illegible]

300 ~ 400 kg/hm²

20

20

50

[illegible]

（一）建植

1. 苗床的准备

由于大多数牧草种子较小，并且对于子叶出土的豆科牧草，覆土深易造成种苗顶土困难，出苗率低。苗床准备主要采取耕地、耙地和镇压等技术措施为牧草播种均匀及种子发芽、出苗提供良好的土壤环境，而且还可避免杂草的侵入和其他品种的混杂。

（1）耕地：一般用有臂犁耕翻，深度为 15 ～ 30 cm，使土层翻转、疏松和混合，可以改善土壤的物理状况，调节土壤中水、肥、气、热等影响肥力的因素，创造适合种子萌发和根系发育的土壤条件，增加土壤的透水性、通气性，促进土壤微生物活动。耕地遵循“熟土在上、生土在下、不乱土层”的原则。

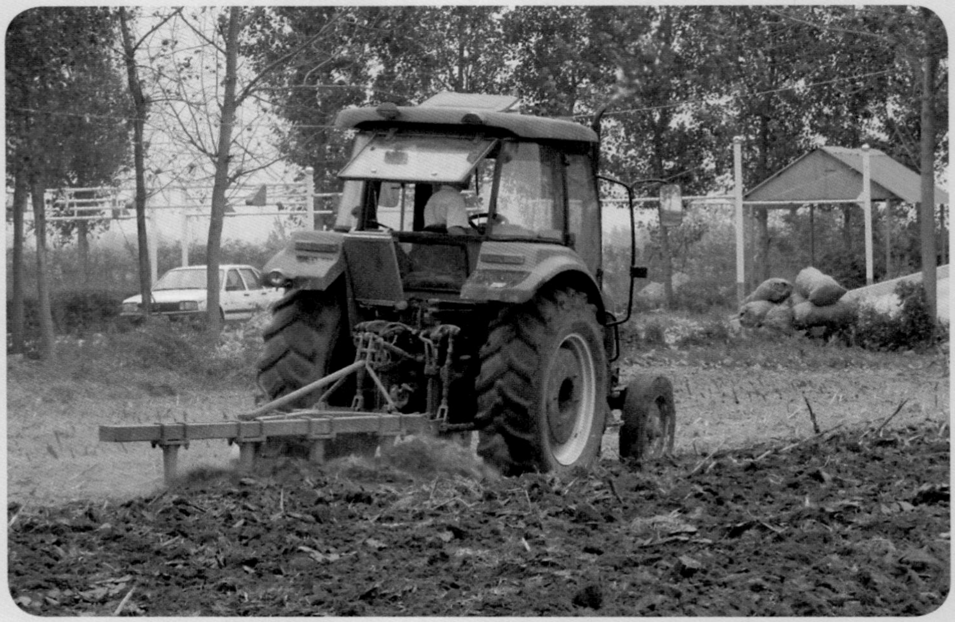

(1) ᠰᠠᠯᠠᠭ᠎ᠠ ᠬᠠᠢᠴᠢᠯᠠᠬᠤ : ᠮᠣᠳᠤ ᠪᠤᠲᠠ ᠵᠢᠮᠢᠰ ᠦᠨ ᠰᠠᠯᠠᠭ᠎ᠠ ᠪᠠᠨ ᠲᠠᠷᠢᠮᠠᠯ ᠤᠨ 15 ~ 30 cm ᠪᠠᠷ ᠬᠠᠢᠴᠢᠯᠠᠨ᠎ᠠ ᠂ ᠲᠠᠷᠢᠮᠠᠯ ᠤᠨ ᠥᠰᠦᠯᠲᠡ ᠶᠢ ᠲᠠᠰᠤᠯᠠᠨ ᠲᠠᠷᠢᠮᠠᠯ ᠤᠨ ᠨᠠᠮᠠᠭ᠎ᠠ ᠶᠢ ᠵᠣᠬᠢᠷᠠᠭᠤᠯᠬᠤ ᠂ ᠪᠣᠯᠤᠨ ᠰᠠᠯᠠᠭ᠎ᠠ ᠶᠢᠨ ᠲᠣᠭ᠎ᠠ ᠶᠢ ᠨᠡᠮᠡᠭᠦᠯᠬᠦ ᠳᠦ ᠲᠤᠰᠠᠲᠠᠢ ᠪᠣᠯᠤᠨ᠎ᠠ ::

（2）耙地：耙地主要工具有钉齿耙和圆盘耙，有顺耙、横耙和对角耙等方式，可以起到平整地面、耙碎土块、混拌土肥、耙出杂草根茎等作用，最终达到保墒、为播种创造良好地面条件等目的。刚耕翻过的地可用钉齿耙进行耙地。未耕翻的土地，如前茬是一年生作物，可用圆盘耙进行耙地，同样起到耕翻作用。

（3）耱地：常在耕翻或耙地后进行，用以平整地面，耱实土壤、耱碎土块而获得粗细均匀、质地疏松的土壤，以利于种子与土壤充分接触。耱地的主要工具用柳条、荆条或树枝编成，也有用木板或铁板制成。

（4）镇压：镇压使土表变紧，或在耕层内一定深度造成紧密的间隔层，起到保墒的效果。压紧土层后，可减少土壤中的大孔隙，有利于牧草根系与土壤紧密接触，防止"吊根"死苗现象。此外，镇压还有平整地面、压碎土块的作用。镇压工具有石磙、V形镇压器、网状镇压器、圆筒镇压器和铁制平滑镇压器等。

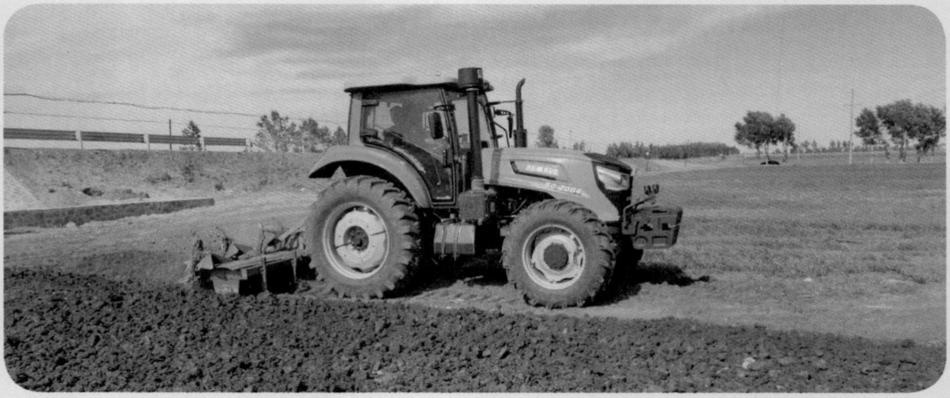

2. 休眠种子的处理

种子休眠是牧草长期自然选择的结果，是植物在系统发育过程中所形成的抵抗不良环境的适应性，对于种质的延续、种子收获和贮藏也有非常重要的意义。但休眠种子的大量存在，也影响播种后种子田间出苗率和草地的成功建植。因此，在播种前对休眠性较强的种子要采取各种方法以打破种子的休眠，提高种子的田间出苗率和幼苗的整齐度。经常采用以下方法来破除种子休眠。

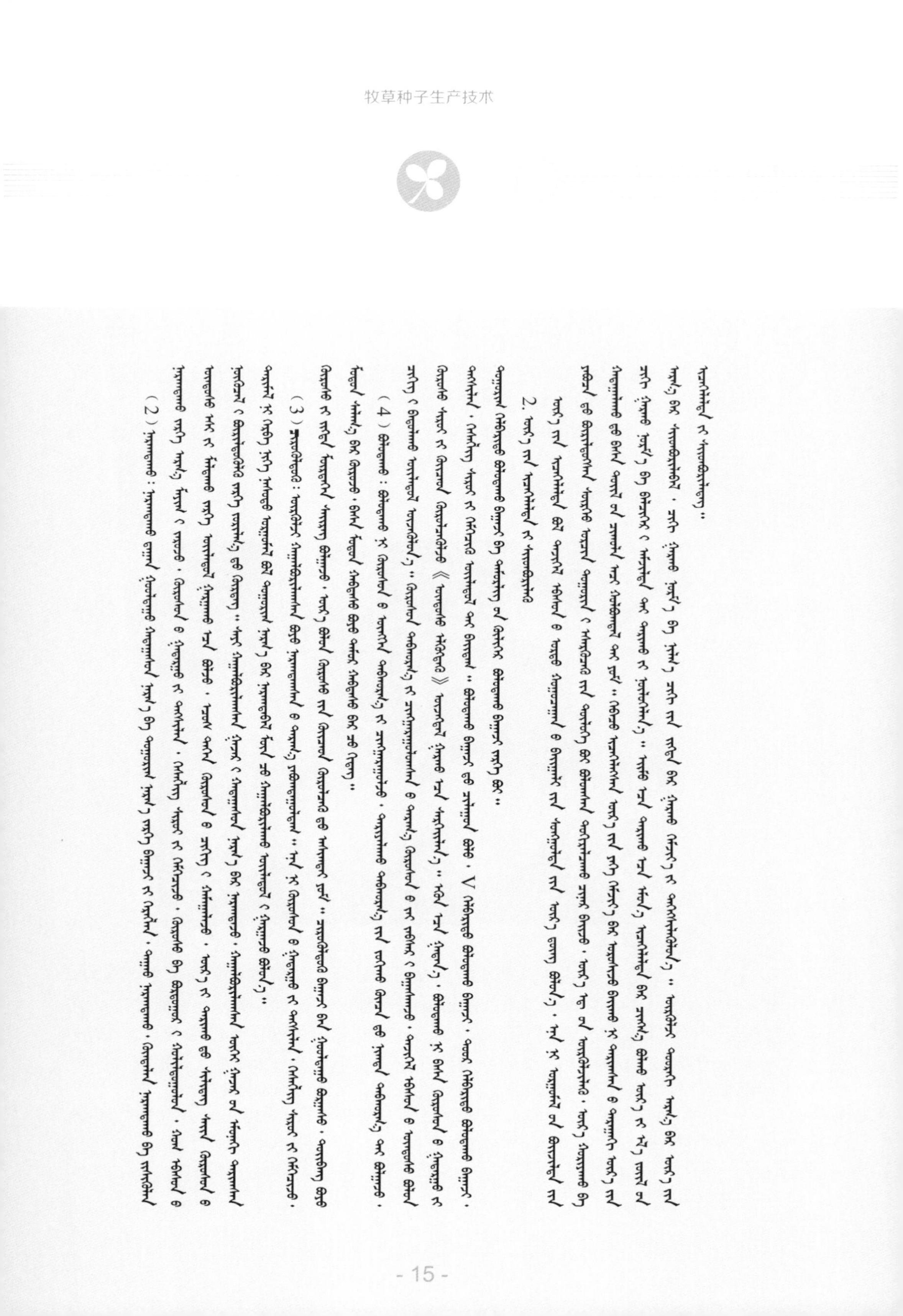

[illegible]

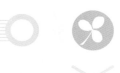

（1）低温处理：利用适当的低温冷冻处理能够克服种皮的不透性，促进种子解除休眠，如将种子湿润后在低温下保持一段时间。通常牧草种子在5～10℃的条件下处理7天，发芽速度会明显加快，发芽率显著提高。低温处理可提高冰草属、翦股颖属、雀麦属、羊茅属、黑麦草属、羽扇豆属、苜蓿属、草木樨属、早熟禾属和野豌豆属牧草种子的发芽率。

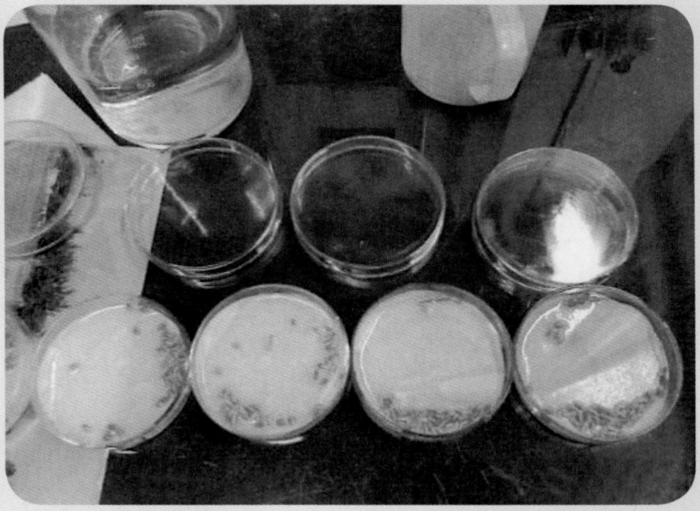

（2）高温处理：某些牧草种子经高温干燥处理后，种皮龟裂为疏松多缝的状态，改善了种子的气体交换条件，从而解除由种皮造成的休眠，促进萌发。110℃高温处理紫花苜蓿和红三叶种子4分钟，使紫花苜蓿的硬实种子减少81%，使红三叶的硬实种子减少61%。多数硬实种子经温水浸泡后可解除休眠，提高发芽率。岩黄芪用78℃的热水浸种至冷却，其发芽率由23%提高到82.5%。

ᠰᠢᠯᠵᠢᠭᠦᠯᠦᠨ᠎ᠡ ᠂ ᠨᠠᠮᠬᠠᠳᠬᠠᠬᠤ ᠬᠤᠪᠢ ᠶᠢ ᠳᠡᠭᠡᠰᠢᠯᠡᠭᠦᠯᠦᠨ᠎ᠡ ᠃ ᠬᠠᠲᠠᠭᠤ ᠶᠢᠨ 78°C ᠤᠨ ᠬᠠᠯᠠᠭᠤᠨ ᠤᠰᠤᠨ ᠳᠤ ᠳᠦᠷᠢᠭᠦᠯᠦᠭᠰᠡᠨ ᠂ ᠨᠢᠭᠡᠨ ᠦ ᠨᠠᠮᠬᠠᠳᠬᠠᠬᠤ ᠬᠤᠪᠢ ᠶᠢ 23%
110°C ᠤᠨ ᠬᠠᠯᠠᠭᠤᠨ ᠳᠤ ᠪᠠᠷ ᠳᠠᠭᠠᠭᠤᠯᠤᠭᠰᠠᠨ ᠨᠢ ᠬᠠᠲᠠᠭᠤ ᠦᠷ᠎ᠡ ᠶᠢᠨ 4 ᠴᠠᠭ ᠰᠢᠯᠵᠢᠭᠦᠯᠦᠭᠰᠡᠨ ᠂ ᠪᠣᠯᠪᠠᠰᠤᠷᠠᠭᠤᠯᠬᠤ ᠶᠢᠨ ᠬᠤᠪᠢ ᠶᠢ 81% ᠡᠴᠡ

ᠬᠤᠪᠢ ᠶᠢᠨ ᠦᠷ᠎ᠡ ᠶᠢ 5～10°C ᠤᠨ ᠬᠦᠢᠲᠡᠨ ᠳᠦ 7 ᠬᠣᠨᠣᠭ ᠰᠢᠯᠵᠢᠭᠦᠯᠦᠭᠰᠡᠨ ᠂ ᠪᠣᠯᠪᠠᠰᠤᠷᠠᠭᠤᠯᠬᠤ ᠭᠡᠷᠡᠯ ᠦᠨ ᠨᠥᠬᠦᠴᠡᠯ ᠪᠡᠷ ᠪᠣᠯᠪᠠᠰᠤᠷᠠᠭᠤᠯᠬᠤ ᠬᠤᠪᠢ ᠶᠢ ᠳᠡᠭᠡᠰᠢᠯᠡᠭᠦᠯᠦᠨ᠎ᠡ

（3）变温处理：未通过生理休眠的种子或硬实种子经过变温处理后，种皮因热胀冷缩作用而产生机械损伤，种皮开裂，促进种子内外的气体交换，使其解除休眠，加速萌发。生产中常常将硬实种子用温水浸种后捞出，白天置于阳光下曝晒，夜间移至凉处，经2～3天后达到解除休眠、促进萌发的目的。种子播在土中经受寒冷或霜雪可改变种皮特性。冬播白花草木樨到春天可获得41%的种苗，而春播只产生1%的种苗。

（4）擦破种皮：用擦破种皮的方法可使种皮产生裂纹，水分沿裂纹进入种子，从而打破因种皮引起的休眠。这种方法在生产上适于小粒豆科牧草种子的处理。当处理种子量大的谷子时，可用除去皮壳的碾米机进行处理，处理时以压碾至种皮起毛为止。用这种擦破种皮的处理方法可使草木樨种子的发芽率由40%～50%提高到80%～90%，紫云英种子的发芽率可由47%提高到95%，苜蓿种子的发芽率一般可提高5%～20%。

（5）无机化学药物处理：有些无机酸、盐、碱等化学药物能够腐蚀种皮，进而改善种子的通透性，或与种皮及种子内部的抑制物质作用而解除抑制，达到打破种子休眠、促进萌发的作用。不同种子的药物处理时间、药物使用浓度均不同。如果用多种药物处理，则各种药物处理的顺序及处理时的温度对休眠的解除都有影响。浓硫酸（H_2SO_4）常用来处理硬实种子：当年收获的二色胡枝子用98%的浓硫酸处理5分钟，发芽率可由12%提高到87%；当年收获的多变小冠花种子用95%的浓硫酸处理30分钟可使发芽率从对照的37%提高到81%；当年收获的圭亚那柱花草种子用98%的浓硫酸处理6分钟，可使发芽率从56%提高到84%；当年收获的草木樨种子用98%的浓硫酸浸泡30分钟，发芽率由4.5%提高到92.25%。

(3) ᠬᠢᠮᠢ ᠶᠢᠨ ᠠᠷᠭ᠎ᠠ ᠪᠠᠷ ᠰᠢᠢᠳᠪᠦᠷᠢᠯᠡᠬᠦ: ᠬᠢᠮᠢ ᠶᠢᠨ ᠪᠣᠳᠠᠰ ᠢᠶᠠᠷ ᠦᠷ᠎ᠡ ᠶᠢ ᠪᠣᠯᠪᠠᠰᠤᠷᠠᠭᠤᠯᠬᠤ ᠪᠤᠶᠤ ᠨᠡᠪᠳᠡᠷᠡᠭᠦᠯᠦᠨ ᠦᠷ᠎ᠡ ᠶᠢᠨ ᠬᠠᠯᠢᠰᠤ ᠶᠢ ᠡᠪᠳᠡᠵᠦ᠂ ᠦᠷ᠎ᠡ ᠶᠢᠨ ᠨᠢᠭᠤᠯᠬᠤ ᠶᠢ ᠳᠡᠮᠵᠢᠬᠦ ᠶᠢᠨ ᠠᠷᠭ᠎ᠠ ᠮᠥᠨ᠃ ᠭᠡᠷ ᠠᠬᠤᠢ ᠶᠢᠨ ᠬᠡᠷᠡᠭᠯᠡᠭᠡᠨ ᠦ ᠬᠢᠮᠢ ᠪᠣᠳᠠᠰ᠂ 2 ~ 3 ᠬᠣᠨᠣᠭ ᠤᠨ ᠳᠠᠷᠠᠭ᠎ᠠ ᠬᠠᠢᠷᠴᠠᠭᠯᠠᠵᠤ᠂ ᠦᠷ᠎ᠡ ᠶᠢᠨ ᠬᠠᠯᠢᠰᠤ ᠶᠢ ᠪᠣᠯᠪᠠᠰᠤᠷᠠᠭᠤᠯᠬᠤ ᠪᠠᠢᠳᠠᠯ ᠢ ᠰᠠᠢᠵᠢᠷᠠᠭᠤᠯᠪᠠᠯ ᠪᠣᠯᠤᠨ᠎ᠠ :: ᠦᠷ᠎ᠡ ᠶᠢᠨ ᠬᠠᠯᠢᠰᠤ ᠶᠢᠨ ᠨᠡᠪᠲᠡᠷᠡᠬᠦ ᠴᠢᠳᠠᠮᠵᠢ ᠶᠢ ᠳᠡᠭᠡᠭᠰᠢᠯᠡᠭᠦᠯᠦᠨ᠂ ᠦᠷ᠎ᠡ ᠶᠢᠨ ᠨᠢᠭᠤᠯᠤᠯᠲᠠ ᠶᠢ ᠳᠡᠭᠡᠭᠰᠢᠯᠡᠭᠦᠯᠬᠦ ᠦᠢᠯᠡᠳᠦᠯ ᠲᠠᠢ :: ᠦᠷ᠎ᠡ ᠶᠢᠨ ᠨᠢᠭᠤᠯᠤᠯᠲᠠ ᠶᠢᠨ ᠬᠤᠪᠢ 1% ᠠᠴᠠ 41% ᠬᠦᠷᠲᠡᠯ᠎ᠡ ᠳᠡᠭᠡᠭᠰᠢᠯᠡᠵᠦ ᠪᠣᠯᠣᠨ᠎ᠠ ::

(4) ᠦᠷ᠎ᠡ ᠶᠢᠨ ᠨᠢᠭᠤᠯᠬᠤ ᠶᠢ ᠳᠡᠮᠵᠢᠬᠦ ᠪᠣᠳᠠᠰ ᠢᠶᠠᠷ ᠰᠢᠢᠳᠪᠦᠷᠢᠯᠡᠬᠦ: ᠦᠷ᠎ᠡ ᠶᠢᠨ ᠨᠢᠭᠤᠯᠬᠤ ᠶᠢ ᠳᠡᠮᠵᠢᠬᠦ ᠪᠣᠳᠠᠰ ᠢᠶᠠᠷ ᠰᠢᠢᠳᠪᠦᠷᠢᠯᠡᠵᠦ᠂ ᠦᠷ᠎ᠡ ᠶᠢᠨ ᠨᠢᠭᠤᠯᠤᠯᠲᠠ ᠶᠢ ᠳᠡᠭᠡᠭᠰᠢᠯᠡᠭᠦᠯᠵᠦ ᠪᠣᠯᠣᠨ᠎ᠠ :: ᠦᠷ᠎ᠡ ᠶᠢᠨ ᠨᠢᠭᠤᠯᠤᠯᠲᠠ ᠶᠢᠨ ᠬᠤᠪᠢ 47% ᠠᠴᠠ 95% ᠬᠦᠷᠴᠡᠢ᠂ ᠨᠢᠭᠤᠯᠬᠤ ᠬᠦᠴᠦᠨ 40% ~ 50% ᠡᠴᠡ 80% ~ 90% ᠬᠦᠷᠲᠡᠯ᠎ᠡ ᠳᠡᠭᠡᠭᠰᠢᠯᠡᠪᠡ ::

(5) ᠬᠦᠬᠦᠷᠲ ᠬᠦᠴᠢᠯ ᠢᠶᠠᠷ ᠰᠢᠢᠳᠪᠦᠷᠢᠯᠡᠬᠦ: ᠬᠦᠬᠦᠷᠲ ᠬᠦᠴᠢᠯ ᠢᠶᠠᠷ ᠦᠷ᠎ᠡ ᠶᠢᠨ ᠬᠠᠯᠢᠰᠤ ᠶᠢ ᠡᠪᠳᠡᠵᠦ᠂ ᠦᠷ᠎ᠡ ᠶᠢᠨ ᠨᠢᠭᠤᠯᠤᠯᠲᠠ ᠶᠢ 5% ~ 20% ᠳᠡᠭᠡᠭᠰᠢᠯᠡᠭᠦᠯᠦᠨ᠎ᠡ ::

ᠬᠦᠬᠦᠷᠲ ᠬᠦᠴᠢᠯ (H_2SO_4) ᠢᠶᠠᠷ ᠰᠢᠢᠳᠪᠦᠷᠢᠯᠡᠬᠦ ᠦᠷ᠎ᠡ ᠶᠢᠨ ᠬᠡᠮᠵᠢᠶ᠎ᠡ ᠶᠢ ᠬᠡᠮᠵᠢᠵᠦ: 98% ᠤᠨ ᠬᠦᠬᠦᠷᠲ ᠬᠦᠴᠢᠯ ᠢᠶᠠᠷ 5 ᠮᠢᠨᠦ᠋ᠲ ᠪᠣᠯᠪᠠᠰᠤᠷᠠᠭᠤᠯᠪᠠᠯ ᠨᠢᠭᠤᠯᠤᠯᠲᠠ 12% ᠠᠴᠠ 87% ᠪᠣᠯᠵᠠᠢ :: 98% ᠤᠨ ᠬᠦᠬᠦᠷᠲ ᠬᠦᠴᠢᠯ ᠢᠶᠠᠷ 30 ᠮᠢᠨᠦ᠋ᠲ ᠪᠣᠯᠪᠠᠰᠤᠷᠠᠭᠤᠯᠪᠠᠯ᠂ ᠨᠢᠭᠤᠯᠤᠯᠲᠠ 56% ᠠᠴᠠ 95% ᠪᠣᠯᠵᠠᠢ :: 98% ᠤᠨ ᠬᠦᠬᠦᠷᠲ ᠬᠦᠴᠢᠯ ᠢᠶᠠᠷ 6 ᠮᠢᠨᠦ᠋ᠲ ᠪᠣᠯᠪᠠᠰᠤᠷᠠᠭᠤᠯᠪᠠᠯ 37% ᠠᠴᠠ 81% ᠪᠣᠯᠵᠠᠢ :: ᠨᠢᠭᠤᠯᠤᠯᠲᠠ 84% ᠪᠣᠯᠵᠠᠢ ::

ᠬᠦᠬᠦᠷᠲ ᠬᠦᠴᠢᠯ ᠢᠶᠠᠷ 30 ᠮᠢᠨᠦ᠋ᠲ ᠪᠣᠯᠪᠠᠰᠤᠷᠠᠭᠤᠯᠪᠠᠯ ᠨᠢᠭᠤᠯᠤᠯᠲᠠ ᠶᠢᠨ ᠬᠤᠪᠢ 4.5% ᠠᠴᠠ 92.25% ᠪᠣᠯᠵᠠᠢ ::

多数具有休眠特性的禾本科牧草种子用0.2%的硝酸钾（KNO_3）溶液处理7天可打破休眠提高发芽率。结缕草种子可用氢氧化钠（NaOH）溶液处理打破休眠。此外，用双氧水（H_2O_2）浸泡休眠或硬实种子，可使种皮受到适度损伤，既安全又增加了种皮的通透性，使种子解除休眠。常用于打破休眠的双氧水浓度为25%，处理时间因植物而异，从5分钟到15分钟不等。

结缕草种子氢氧化钠处理后的发芽率

处理时间（分钟）	处理浓度（%）						
	0	5	10	20	30	40	50
0	61.75	—	—	—	—	—	—
5	—	85.50	87.25	88.75	95.50	89.25	89.25
10	—	88.75	87.00	92.50	97.50	87.00	88.75
15	—	89.25	89.25	90.00	97.25	91.75	93.75
20	—	91.50	92.25	89.50	96.00	89.25	89.50

注：引自韩建国等，1996。

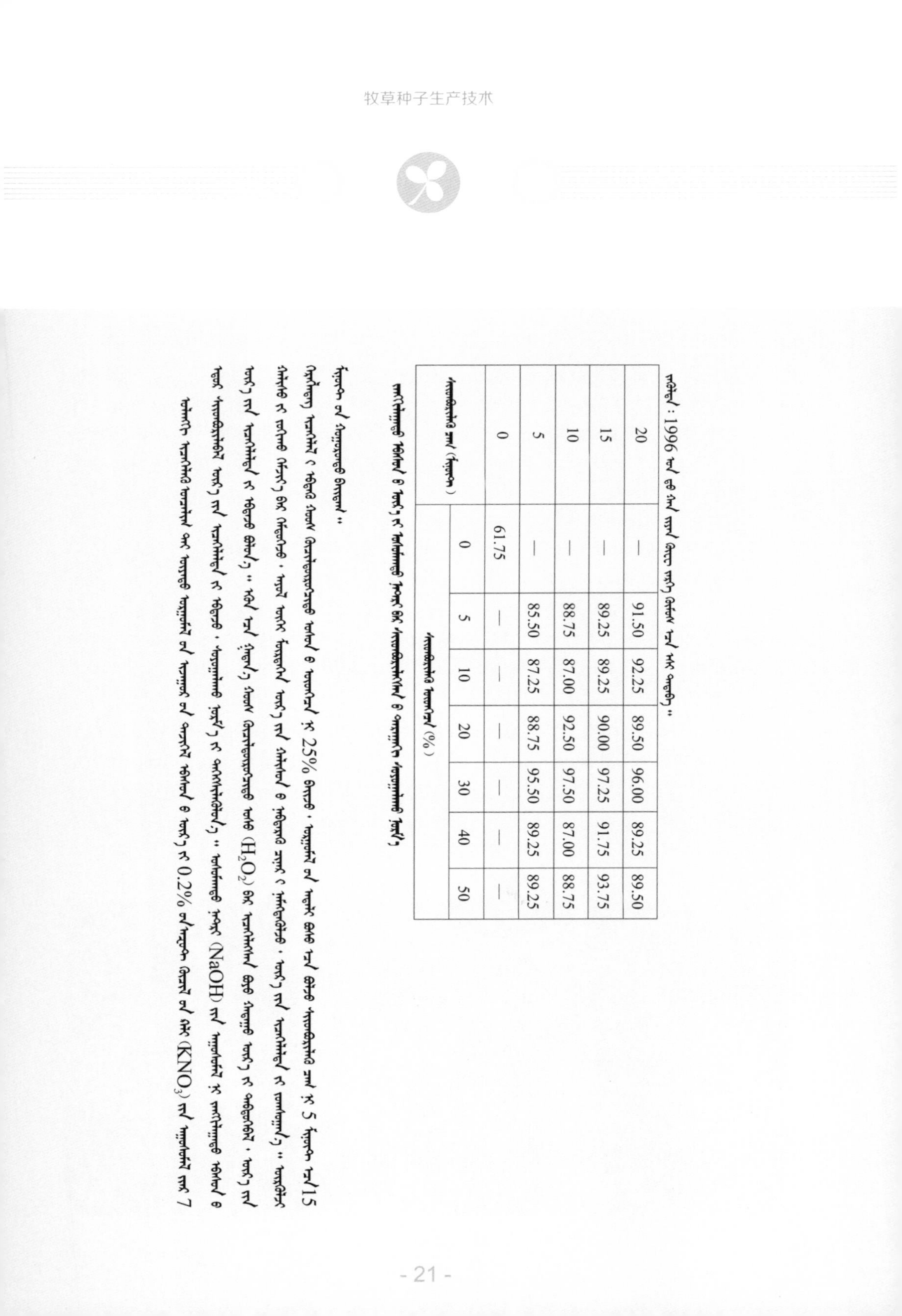

[illegible]: 1996 [illegible]

[illegible] (%)	[illegible] (%)						
	0	5	10	20	30	40	50
20	—	91.50	92.25	89.50	96.00	89.25	89.50
15	—	89.25	89.25	90.00	97.25	91.75	93.75
10	—	88.75	87.00	92.50	97.50	87.00	88.75
5	—	85.50	87.25	88.75	95.50	89.25	89.25
0	61.75	—	—	—	—	—	—

[illegible]

[illegible]

[illegible] 25% [illegible] 5 [illegible] /15 [illegible] (H_2O_2) [illegible] (NaOH) [illegible] 0.2% [illegible] (KNO_3) [illegible] 7

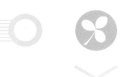

（6）有机化学药物处理：多种有机化合物都有一定的打破种子休眠、刺激种子萌发的作用，如二氯甲烷、丙酮、硫脲、甲醛、乙醇、对苯二酚、单宁酸、秋水仙碱、羟氨、丙氨酸、苹果酸、琥珀酸、谷氨酸、酒石酸等。用硫脲处理种子，可以全部或局部取代某些种子对完成生理后熟的需要，或在发芽时对特殊条件的要求。

3. 豆科牧草根瘤菌接种

在生产实践中，豆科牧草栽培的土壤中，由于缺乏相应的根瘤菌，或者由于根瘤菌丧失固氮能力，在根上不能形成根瘤，无法固定空气中游离的氮供应牧草。所以，在土壤中补充一定数量的根瘤菌，是防止牧草缺氮、促进其生长、提高种子产量和品质必不可少的措施。在豆科牧草进行根瘤菌接种时，要正确选择所需接种根瘤菌的种类。因为根瘤菌与所接种豆科牧草具有专一性。

4. 播种方式和方法

（1）播种方式：为了迅速获得种子，增加结实率和牧草种子产量，以种子生产为目的的牧草播种大多采用无保护的单播方式。这是由于保护作物对多年生牧草的生长具有一定的影响，会造成种子产量下降。例如，垂穗披碱草以黍子为保护作物，紫花苜蓿以谷子为保护作物，种子产量均较无保护作物的减少25% ～ 34%。

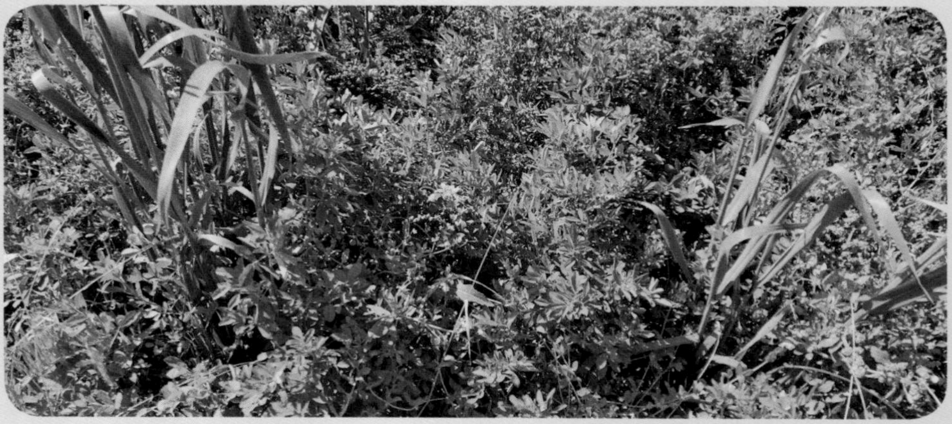

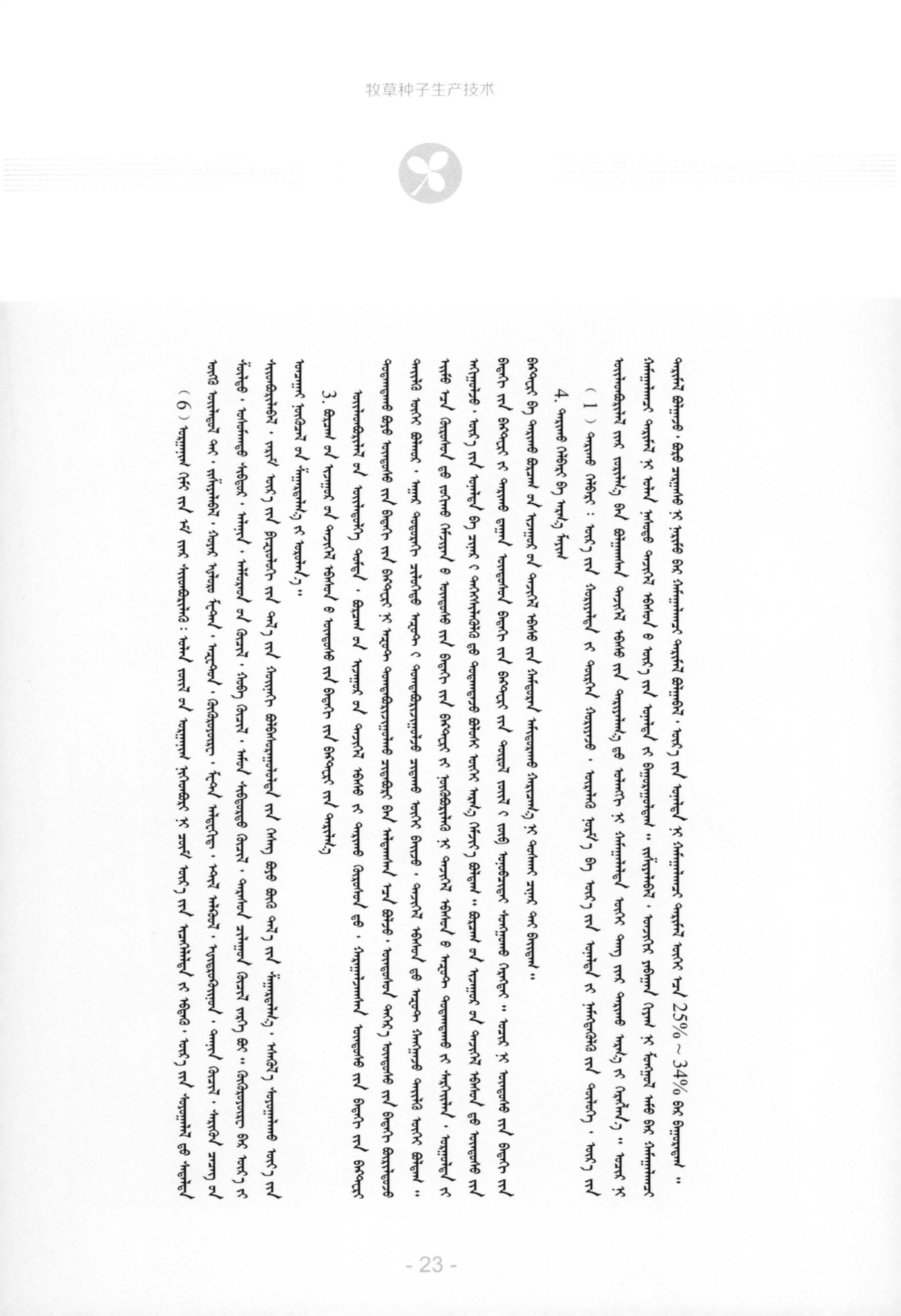

（6）[illegible]

3. [illegible]

[illegible]

4. [illegible]

（1）[illegible] 25%～34% [illegible]

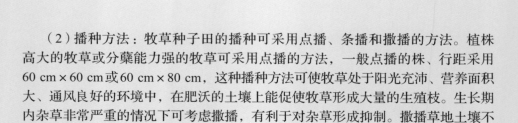

（2）播种方法：牧草种子田的播种可采用点播、条播和撒播的方法。植株高大的牧草或分蘖能力强的牧草可采用点播的方法，一般点播的株、行距采用60 cm × 60 cm或60 cm × 80 cm，这种播种方法可使牧草处于阳光充沛、营养面积大、通风良好的环境中，在肥沃的土壤上能促使牧草形成大量的生殖枝。生长期内杂草非常严重的情况下可考虑撒播，有利于对杂草形成抑制。撒播草地土壤不易受到侵蚀，管理费用较低。

多年生牧草的种子生产最好实行条播，宽行条播视牧草种类、栽培条件不同，有30 cm、45 cm、60 cm、90 cm、120 cm的行距。获得最高种子产量的行距因牧草种类而异，如草地早熟禾为30 cm，紫羊茅、冰草为60 cm，鸭茅为90 cm，多花黑麦草的行距以15 ～ 30 cm为宜，无芒雀麦、高羊茅等牧草的行距在30 ～ 60 cm可获得最高种子产量。

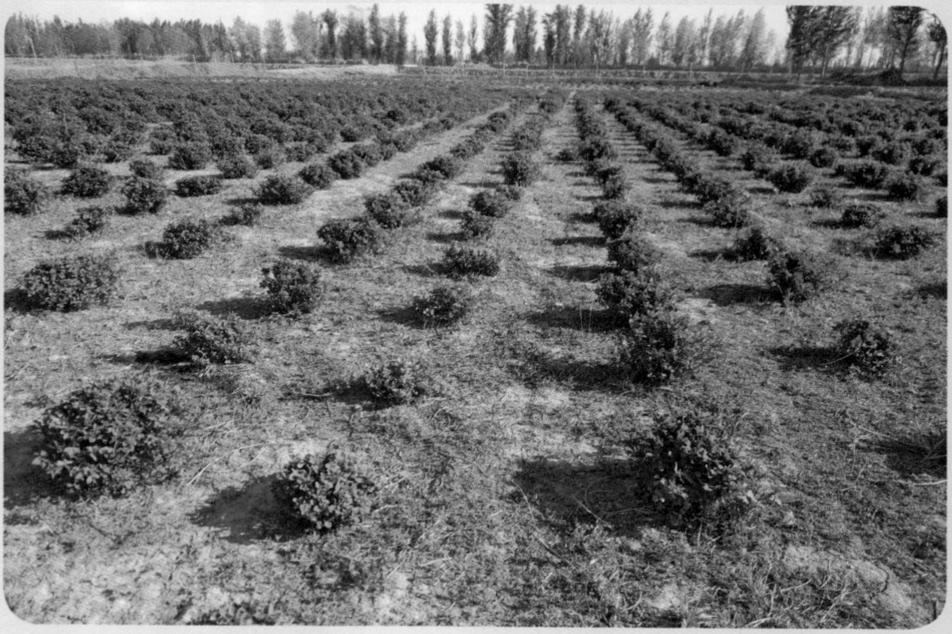

ᠮᠥᠷ ᠵᠠᠢ 30～60 cm ᠪᠣᠯᠭᠠᠪᠠᠯ ᠰᠠᠶᠢᠨ ᠦᠷ᠎ᠡ ᠲᠣᠭᠠ ᠶᠢᠨ ᠭᠠᠷᠤᠯᠲᠠ ᠶᠢ ᠣᠯᠵᠤ ᠪᠣᠯᠤᠨ᠎ᠠ ᠃

ᠪᠣᠭᠣᠨᠢ ᠮᠣᠳᠣ ᠶᠢᠨ ᠲᠠᠷᠢᠮᠠᠯ ᠶᠢᠨ ᠮᠥᠷ ᠵᠠᠢ 15～30 cm ᠪᠣᠯᠭᠠᠪᠠᠯ ᠲᠣᠬᠢᠷᠠᠮᠵᠢᠲᠠᠢ ᠪᠠᠶᠢᠨ᠎ᠠ ᠂ ᠬᠠᠷᠢᠨ ᠥᠨᠳᠥᠷ ᠰᠢᠯᠪᠢ ᠲᠠᠶ ᠂ ᠰᠠᠯᠠᠭᠠᠯᠠᠭᠰᠠᠨ ᠪᠣᠳᠤᠯ ᠲᠠᠢ ᠲᠠᠷᠢᠬᠤ ᠮᠣᠳᠣ ᠪᠣᠯ ᠲᠠᠷᠢᠮᠠᠯ ᠶᠢᠨ ᠲᠠᠷᠢᠮᠠᠯ ᠪᠠᠶᠢᠷᠢ ᠮᠣᠳᠣ ᠶᠢᠨ 30 cm ᠪᠣᠯᠭᠠᠬᠤ ᠂ ᠬᠠᠭᠠᠰ ᠪᠣᠳᠤᠯ ᠂ ᠰᠢᠷᠭᠡᠭ ᠳᠦ 60 cm ᠪᠣᠯᠭᠠᠬᠤ ᠂ ᠥᠨᠳᠥᠷ ᠲᠠᠷᠢᠮᠠᠯ ᠤᠨ 90 cm ᠪᠣᠯᠭᠠᠨ᠎ᠠ ᠃ ᠬᠠᠮᠤᠭ ᠤᠨ ᠰᠠᠶᠢᠨ ᠲᠠᠷᠢᠮᠠᠯ ᠶᠢᠨ ᠮᠥᠷ ᠵᠠᠢ ᠃ ᠲᠠᠷᠢᠮᠠᠯ ᠤᠨ ᠬᠡᠮᠵᠢᠶ᠎ᠡ ᠶᠢ ᠰᠠᠶᠢᠨ ᠲᠣᠭᠲᠠᠭᠠᠬᠤ ᠳᠤ ᠲᠠᠷᠢᠮᠠᠯ ᠤᠨ ᠮᠥᠷ ᠵᠠᠢ ᠶᠢ ᠲᠠᠷᠢᠬᠤ ᠮᠣᠳᠣ ᠪᠣᠯ ᠲᠠᠷᠢᠮᠠᠯ ᠤᠨ ᠪᠠᠶᠢᠷᠢ ᠲᠤ ᠪᠠᠷᠢᠮᠵᠢᠯᠠᠬᠤ ᠬᠡᠷᠡᠭᠲᠡᠶ ᠪᠠᠶᠢᠨ᠎ᠠ ᠂ ᠵᠢᠱᠢᠶ᠎ᠡ ᠨᠢ ᠮᠥᠷ ᠵᠠᠢ ᠶᠢ 30 cm ᠂ 45 cm ᠂ 60 cm ᠂ 90 cm ᠂ 120 cm ᠪᠣᠯ

ᠲᠤᠷᠰᠢᠯᠲᠠ ᠶᠢᠨ ᠲᠠᠷᠢᠮᠠᠯ ᠤᠨ ᠮᠥᠷ ᠵᠠᠢ ᠶᠢᠨ ᠬᠠᠷᠢᠴᠠᠭ᠎ᠠ ᠪᠠᠷ ᠦᠷ᠎ᠡ ᠶᠢᠨ ᠭᠠᠷᠤᠯᠲᠠ ᠳᠤ ᠨᠥᠯᠥᠭᠡᠯᠡᠬᠦ ᠶᠢ ᠰᠢᠨᠵᠢᠯᠡᠵᠡᠢ ᠃ ᠲᠠᠷᠢᠮᠠᠯ ᠤᠨ ᠮᠥᠷ ᠵᠠᠢ ᠪᠠᠷ ᠲᠠᠷᠢᠬᠤ ᠶᠢ ᠲᠠᠷᠢᠮᠠᠯ ᠪᠣᠯᠭᠠᠨ᠎ᠠ ᠃

ᠮᠣᠳᠣ ᠶᠢᠨ ᠲᠠᠷᠢᠮᠠᠯ ᠤᠨ ᠪᠣᠭᠣᠨᠢ ᠮᠥᠷ ᠃ ᠲᠠᠷᠢᠬᠤ ᠲᠠᠷᠢᠮᠠᠯ ᠪᠣᠯᠭᠠᠬᠤ ᠳᠤ ᠰᠠᠶᠢᠨ ᠪᠣᠯᠪᠠᠴᠤ ᠂ ᠣᠯᠠᠨ ᠨᠠᠰᠤᠲᠤ ᠲᠠᠷᠢᠮᠠᠯ ᠤᠨ ᠦᠷ᠎ᠡ ᠶᠢ ᠬᠤᠷᠢᠶᠠᠬᠤ ᠳᠤ ᠲᠣᠬᠢᠷᠠᠮᠵᠢᠲᠠᠢ ᠪᠣᠯᠭᠠᠨ᠎ᠠ ᠃ ᠲᠣᠭᠲᠠᠭᠰᠠᠨ ᠮᠥᠷ ᠵᠠᠢ ᠪᠠᠷ ᠲᠠᠷᠢᠬᠤ ᠮᠣᠳᠣ ᠶᠢᠨ ᠬᠡᠮᠵᠢᠶ᠎ᠡ ᠶᠢ ᠲᠠᠷᠢᠮᠠᠯ ᠤᠨ ᠲᠠᠷᠢᠬᠤ ᠬᠡᠮᠵᠢᠶ᠎ᠡ ᠲᠠᠷᠢᠯᠭ᠎ᠠ ᠶᠢᠨ ᠬᠤᠭᠤᠴᠠᠭ᠎ᠠ ᠶᠢᠨ ᠲᠠᠷᠢᠮᠠᠯ ᠤᠨ ᠬᠡᠯᠪᠡᠷᠢ ᠶᠢᠨ ᠪᠣᠯᠭᠠᠨ᠎ᠠ ᠂ ᠲᠠᠷᠢᠮᠠᠯ ᠤᠨ ᠲᠠᠷᠢᠯᠭ᠎ᠠ ᠶᠢᠨ ᠬᠡᠯᠪᠡᠷᠢ ᠶᠢ ᠨᠢ ᠪᠣᠯᠭᠠᠬᠤ ᠂ ᠦᠷ᠎ᠡ ᠶᠢᠨ ᠲᠠᠷᠢᠬᠤ ᠮᠥᠷ ᠪᠣᠯᠭᠠᠨ ᠲᠠᠷᠢᠬᠤ ᠂ ᠲᠠᠷᠢᠮᠠᠯ ᠤᠨ ᠪᠠᠶᠢᠷᠢ ᠶᠢᠨ ᠲᠠᠷᠢᠮᠠᠯ ᠤᠨ ᠮᠣᠳᠣ ᠶᠢᠨ ᠮᠥᠷ ᠤᠨ ᠪᠣᠯ ᠦᠢᠯᠡᠳᠬᠦᠨ ᠮᠥᠷ ᠤᠨ ᠵᠠᠢ ᠶᠢᠨ ᠦᠢᠯᠡᠳᠬᠦᠨ ᠮᠥᠷ ᠵᠠᠢ 60 cm × 60 cm ᠪᠤᠶᠤ 60 cm × 80 cm ᠪᠣᠯᠭᠠᠨ᠎ᠠ ᠃ ᠡᠨᠡ ᠶᠢ ᠲᠠᠷᠢᠮᠠᠯ ᠮᠣᠳᠣ ᠶᠢᠨ ᠪᠣᠯ ᠰᠠᠯᠪᠤᠷᠢ ᠶᠢᠨ ᠲᠠᠷᠢᠮᠠᠯ ᠤᠨ ᠦᠷ᠎ᠡ ᠲᠠᠷᠢᠬᠤ ᠪᠣᠯᠤᠨ ᠪᠣᠭᠣᠨᠢ ᠬᠤᠭᠤᠴᠠᠭ᠎ᠠ ᠳᠤ ᠬᠤᠷᠢᠶᠠᠬᠤ ᠲᠠᠷᠢᠮᠠᠯ ᠲᠠᠷᠢᠬᠤ ᠮᠣᠳᠣ ᠶᠢᠨ ᠦᠢᠯᠡᠳᠬᠦᠨ ᠲᠠᠷᠢᠬᠤ ᠂ ᠦᠢᠯᠡᠳᠬᠦᠨ ᠲᠠᠷᠢᠬᠤ ᠪᠣᠯ ᠬᠤᠷᠢᠶᠠᠬᠤ ᠳᠤ ᠲᠣᠬᠢᠷᠠᠮᠵᠢᠲᠠᠢ ᠪᠣᠯᠭᠠᠨ᠎ᠠ ᠃

（2）ᠲᠠᠷᠢᠬᠤ ᠬᠡᠮᠵᠢᠶ᠎ᠡ：ᠲᠠᠷᠢᠬᠤ ᠮᠣᠳᠣ ᠶᠢᠨ ᠲᠠᠷᠢᠮᠠᠯ ᠤᠨ ᠲᠠᠷᠢᠬᠤ ᠬᠡᠮᠵᠢᠶ᠎ᠡ ᠪᠣᠯ ᠦᠷ᠎ᠡ ᠶᠢᠨ ᠴᠢᠨᠠᠷ ᠦᠷᠭᠦᠯᠵᠢᠯᠡᠬᠦ ᠲᠠᠷᠢᠬᠤ ᠂ ᠲᠠᠷᠢᠮᠠᠯ ᠤᠨ ᠲᠠᠷᠢᠬᠤ ᠪᠠᠷ ᠲᠣᠭᠲᠠᠭᠠᠬᠤ ᠲᠠᠷᠢᠬᠤ ᠬᠡᠮᠵᠢᠶ᠎ᠡ ᠶᠢ ᠲᠣᠭᠲᠠᠭᠠᠨ᠎ᠠ ᠃

部分豆科和禾本科牧草的播种行距具体规定

牧草	播种量（kg/hm²）	行距（cm）	牧草	播种量（kg/hm²）	行距（cm）
紫花苜蓿	6.0 ～ 7.5	45 ～ 60	猫尾草	4.5 ～ 7.5	50 ～ 90
白花草木樨	7.5 ～ 12.0	40 ～ 50	老芒麦	10.5 ～ 15.0	30 ～ 40
黄花草木樨	6.0 ～ 9.0	40 ～ 50	披碱草	7.5 ～ 15.0	40 ～ 50
白三叶	3.0 ～ 4.5	30 ～ 40	羊草	22.5 ～ 37.5	30 ～ 50
红三叶	4.5 ～ 6.0	30 ～ 40	多年生黑麦草	15.0 ～ 22.5	15 ～ 30
百脉根	4.5 ～ 6.0	30 ～ 40	多花黑麦草	7.5 ～ 10.5	30 ～ 40
沙打旺	3.0 ～ 4.5	45 ～ 60	冰草	7.5 ～ 10.5	30 ～ 40
小叶锦鸡儿	15.0 ～ 22.5	80 ～ 100	无芒雀麦	15.0 ～ 21.0	35 ～ 45
多变小冠花	1.5 ～ 3.0	45 ～ 60	苏丹草	15.0 ～ 22.5	45 ～ 55
红豆草	30.0 ～ 37.5	50 ～ 60	草地早熟禾	3.0 ～ 4.5	20 ～ 30

注：引自中华人民共和国农业部，1989a、b。

ᠮᠠᠯ ᠪᠡᠯᠴᠢᠭᠡᠷ ᠦᠨ ᠲᠠᠷᠢᠮᠠᠯ ᠤᠨ ᠦᠷ᠎ᠡ ᠶᠢᠨ ᠦᠢᠯᠡᠳᠪᠦᠷᠢᠯᠡᠯ ᠦᠨ ᠲᠠᠷᠢᠮᠠᠯ ᠤᠨ ᠤᠷᠭᠤᠮᠠᠯ ᠤᠨ ᠲᠠᠷᠢᠬᠤ ᠬᠡᠮᠵᠢᠶ᠎ᠡ ᠮᠥᠷ ᠦᠨ ᠵᠠᠢ ᠶᠢᠨ ᠬᠡᠮᠵᠢᠶ᠎ᠡ

ᠤᠷᠭᠤᠮᠠᠯ ᠤᠨ ᠨᠡᠷ᠎ᠡ	ᠲᠠᠷᠢᠬᠤ ᠬᠡᠮᠵᠢᠶ᠎ᠡ (kg/hm²)	ᠮᠥᠷ ᠦᠨ ᠵᠠᠢ (cm)	ᠤᠷᠭᠤᠮᠠᠯ ᠤᠨ ᠨᠡᠷ᠎ᠡ	ᠲᠠᠷᠢᠬᠤ ᠬᠡᠮᠵᠢᠶ᠎ᠡ (kg/hm²)	ᠮᠥᠷ ᠦᠨ ᠵᠠᠢ (cm)
ᠬᠠᠯᠢᠭᠤᠨ ᠪᠤᠷᠴᠠᠭ ᠤᠪᠠᠰᠤ	30.0 ~ 37.5	50 ~ 60	ᠴᠠᠭᠠᠨ ᠤ ᠪᠤᠭᠤᠯᠵᠢ ᠤᠪᠠᠰᠤ	3.0 ~ 4.5	20 ~ 30
ᠭᠤᠷᠪᠠᠯ ᠪᠤᠷᠴᠠᠭ	1.5 ~ 3.0	45 ~ 60	ᠭᠣᠷᠣᠭᠠ ᠤᠪᠠᠰᠤ	15.0 ~ 22.5	45 ~ 55
ᠬᠠᠷᠠ ᠰᠢᠷᠢᠭᠤᠯᠵᠢ	15.0 ~ 22.5	80 ~ 100	ᠭᠠᠴᠢ ᠬᠠᠷᠠ ᠭᠣᠯᠢᠮᠠᠭ	15.0 ~ 21.0	35 ~ 45
ᠤᠷᠭᠤᠮᠠᠯ ᠤᠨ ᠰᠢᠷᠠᠯᠵᠢ	3.0 ~ 4.5	45 ~ 60	ᠰᠤᠳᠠᠯᠢᠭ	7.5 ~ 10.5	30 ~ 40
ᠰᠢᠷᠢᠭᠤᠯᠵᠢᠨ	4.5 ~ 6.0	30 ~ 40	ᠬᠣᠩᠭᠣᠷ ᠤᠨ ᠰᠠᠭᠠᠳ ᠪᠣᠷᠣᠭᠠᠨ ᠤᠪᠠᠰᠤ	7.5 ~ 10.5	30 ~ 40
ᠬᠦᠢᠲᠡᠨ ᠰᠢᠷᠢᠭᠤᠯᠵᠢᠨ	4.5 ~ 6.0	30 ~ 40	ᠬᠥᠬᠡ ᠮᠣᠩᠭᠣᠯ ᠰᠠᠭᠠᠳ ᠪᠣᠷᠣᠭᠠᠨ ᠤᠪᠠᠰᠤ	15.0 ~ 22.5	15 ~ 30
ᠵᠢᠷᠠᠨ ᠰᠢᠷᠢᠭᠤᠯᠵᠢᠨ	3.0 ~ 4.5	30 ~ 40	ᠬᠢᠶᠠᠭ	22.5 ~ 37.5	30 ~ 50
ᠳᠡᠭᠡᠷᠡ ᠪᠠᠭᠠᠰᠤ	6.0 ~ 9.0	40 ~ 50	ᠬᠠᠭ ᠬᠢᠶᠠᠭ	7.5 ~ 15.0	40 ~ 50
ᠵᠠᠭᠠᠨ ᠪᠠᠭᠠᠰᠤ	7.5 ~ 12.0	40 ~ 50	ᠰᠣᠷᠭᠣᠬᠠᠢ ᠬᠠᠭ ᠬᠢᠶᠠᠭ	10.5 ~ 15.0	30 ~ 40
ᠪᠦᠭᠦ ᠵᠠᠭᠠᠰᠤ	6.0 ~ 7.5	45 ~ 60	ᠰᠤᠷᠪᠤᠯᠵᠢ	4.5 ~ 7.5	50 ~ 90

ᠡᠬᠢ ᠰᠤᠷᠪᠤᠯᠵᠢ : ᠪᠣᠯᠪᠠᠯ ... 1989a · b ᠃

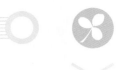

5. 播种时间、播种量及播种深度

（1）播种时间：一年生牧草只能进行春播，越年生牧草可秋播，次年形成种子。对于多年生牧草，必须考虑其对光周期和春化的反应。长日照植物可进行春季播种，如紫花苜蓿、红豆草春季播种，到秋季可收获种子。那些要求短日照和低温条件的牧草适合夏末或初秋播种，以便在冷季到来之前形成足够的分蘖，随之而来的冷季和短日照刺激这些分蘖形成生殖枝。要求短日照和低温，之后需长日照的植物也适于秋季播种，次年可进行种子生产，如多年生黑麦草等。此外，白三叶、无芒雀麦、百脉根等牧草既可春播也可秋播。

（2）播种量：用于种子生产的播种量比用于牧草生产的播种量少，窄行播种时的播种量只是牧草生产播种量的一半，宽行播种量只是窄行播种量的1/2 ～ 2/3。进行种子生产时，禾本科牧草应具有发育良好的生殖枝，若播种量太高，营养枝增加，抑制生殖枝的生长发育。豆科牧草要求留有一定空间，以利于昆虫传粉。

（3）播种深度：播种深度是建植成败的重要因素之一。影响播种深度的主要因素有种子大小、土壤含水量、土壤类型等。牧草以浅播为宜，豆科牧草较禾本科牧草应更浅一些。因豆科牧草大部分属子叶出土类型，出苗顶土比禾本科牧草困难。一般牧草种子在砂质壤土上以2 cm播深为宜，大粒种子以3 ～ 4 cm播深为宜；黏壤土以1.5 ～ 2 cm为宜。小粒种子播深可更浅，如红三叶播深为1 ～ 1.5 cm，白三叶播深为0.5 ～ 1 cm，草地早熟禾、蓟股颖等牧草的种子可播于地表，播后镇压，以利于种子吸水萌发。

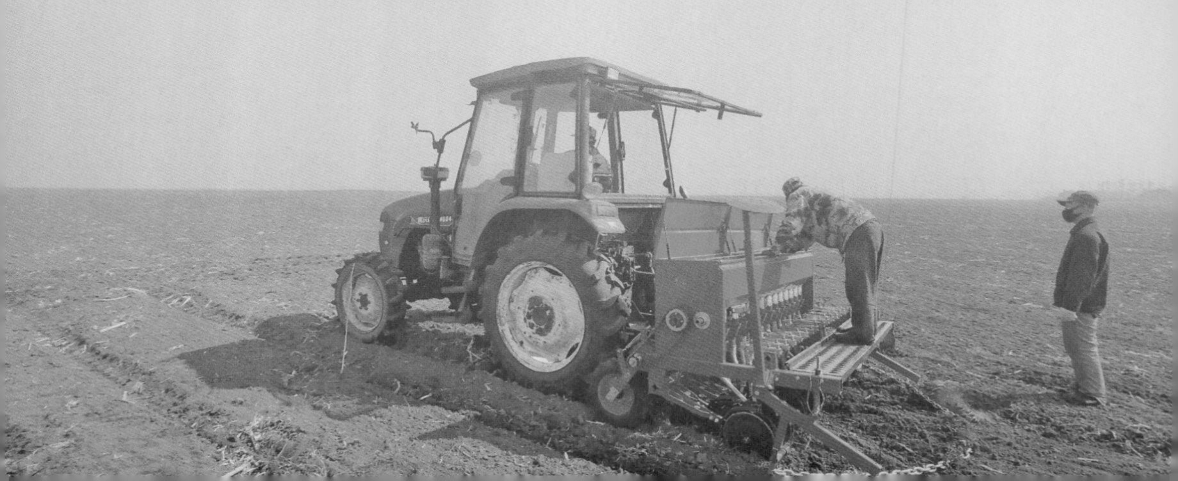

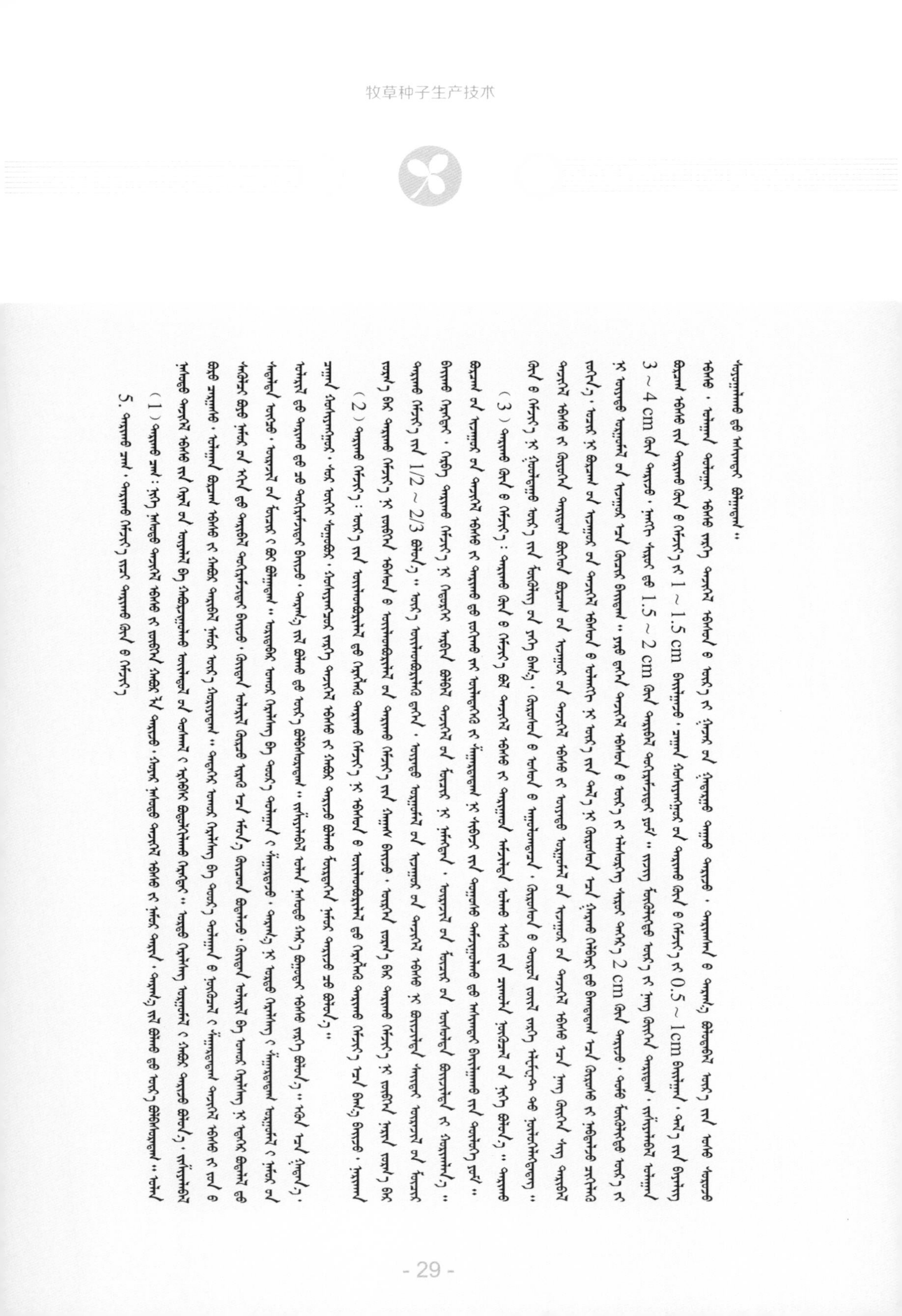

（二）施肥

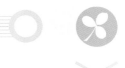

根据土壤养分状况、气候条件和牧草种子生产对营养物质的需求进行合理施肥，可最大限度提高牧草种子产量。

1. 禾本科牧草

氮肥是影响禾本科牧草种子产量高低的关键因素，但是受土壤肥力状况的影响，不同地区同种禾本科牧草种子生产中采用相同的施氮量却很难产生相同的效果。对于温带禾本科牧草，秋季施氮肥通常可以增加分蘖数，提高冬季分蘖的存活率，但不能过量，以防刺激过度的营养生长。

氮肥施入量对牧草种子产量有着明显的影响，大多数牧草随施氮量的增加种子产量提高。获得最高种子产量的施氮水平因草种而异，如鸭茅为100 ～ 320 kg/hm^2，草地早熟禾为60 ～ 80 kg/hm^2，紫羊茅为180 kg/hm^2，多年生黑麦草为60 ～ 180 kg/hm^2。

磷肥对禾本科牧草种子产量也有一定的促进作用，尤其是热带酸性土壤含磷量低，改善磷肥的供应状况可以提高牧草种子产量。

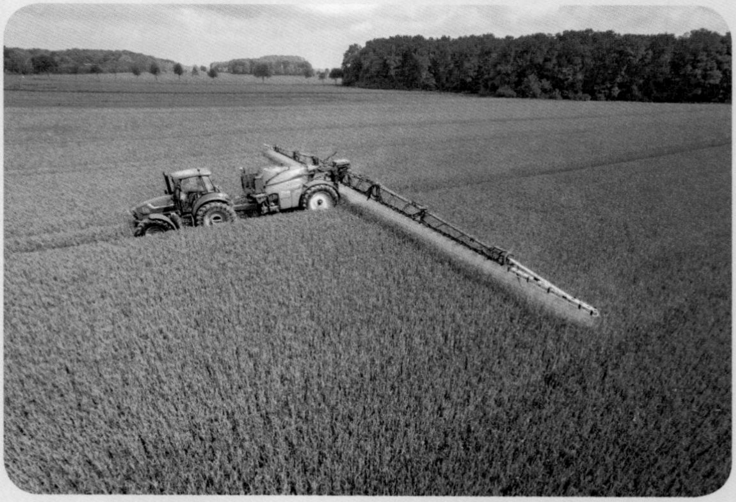

60 ~ 80 kg/hm² ᠲᠠᠷᠢᠯᠲᠠ ᠲᠠᠢ᠂ ᠲᠠᠷᠢᠮᠠᠯ ᠪᠠᠭ᠎ᠠ ᠳᠤ 180 kg/hm² ᠲᠠᠷᠢᠯᠲᠠ ᠲᠠᠢ᠂ ᠲᠡᠷᠡ ᠴᠢᠬᠤᠯᠠ ᠰᠢᠭ ᠪᠠᠢᠳᠠᠯ ᠤᠨ ᠳᠣᠤᠷ᠎ᠠ ᠳᠤ 60 ~ 180 kg/hm² ᠡᠪᠡᠰᠦ ᠶᠢᠨ ᠦᠷ᠎ᠡ ᠶᠢ ᠬᠡᠷᠡᠭᠯᠡᠵᠦ ᠪᠣᠯᠬᠤ ᠪᠠᠢᠳᠠᠯ᠂ ᠰᠠᠢᠵᠢᠷᠠᠭᠤᠯᠤᠭᠰᠠᠨ ᠲᠠᠷᠢᠮᠠᠯ ᠳᠤ 100 ~ 320 kg/hm² ᠲᠠᠷᠢᠯᠲᠠ ᠲᠠᠢ᠂ ᠡᠨᠡ ᠦᠨ ᠪᠠᠢᠳᠠᠯ ᠳᠤ ᠲᠠᠷᠢᠯᠲᠠ ᠶᠢᠨ ᠬᠡᠮᠵᠢᠶ᠎ᠡ ᠦᠨ ᠲᠣᠭ᠎ᠠ ᠶᠢ ᠲᠣᠭᠲᠠᠭᠠᠬᠤ ᠶᠢᠨ ᠬᠡᠮᠵᠢᠶ᠎ᠡ ᠶᠢ ᠪᠠᠷᠢᠮᠲᠠᠯᠠᠨ ᠃ ᠰᠠᠶᠢᠨ ᠲᠠᠷᠢᠯᠭ᠎ᠠ ᠶᠢᠨ ᠬᠡᠮᠵᠢᠶ᠎ᠡ ᠶᠢ ᠪᠡᠨ ᠪᠣᠯᠭᠠᠬᠤ ᠮᠥᠷ ᠲᠠᠷᠢᠯᠲᠠ ᠶᠢᠨ ᠬᠡᠮᠵᠢᠶ᠎ᠡ ᠶᠢ

2. 豆科牧草

豆科牧草可有效利用共生的根瘤菌增加对氮的吸收，因此豆科牧草对氮的需要较少。豆科牧草的种子生产中，对磷、钾肥的需要量较高。豆科牧草追施磷、钾肥最好是在花期或开花前。许多豆科牧草从现蕾期到种子成熟对氮的需要量增加，此时根瘤老化，根瘤菌的活动能力降低，因而显示出氮的供应不足。在现蕾期追施氮肥可增加种子的产量，如紫花苜蓿现蕾期施入氮肥可使种子产量增加20% ～ 30%。

磷肥（过磷酸钙 P_2O_2 含量 12% ～ 18%）施用量对红豆草种子产量的影响

施肥量（kg/hm²）	种子产量（kg/hm²）		
	第一年收获	第二年收获	第三年收获
0	154	950	875
225	188	1 250	1 250
450	207	1 440	1 425
1 125	218	1 700	1 625
1 500	282	1 851	1 750
1 875	219	1 900	1 800

注：引自陈宝书，1992。

2. ᠪᠤᠷᠴᠠᠭ ᠤᠨ ᠲᠦᠷᠦᠯ ᠤᠨ ᠮᠠᠯ ᠤᠨ ᠡᠪᠡᠰᠦ ᠳᠦ ᠪᠣᠳᠤᠰ ᠬᠡᠷᠡᠭᠯᠡᠬᠦ

ᠪᠤᠷᠴᠠᠭ ᠤᠨ ᠲᠦᠷᠦᠯ ᠤᠨ ᠮᠠᠯ ᠤᠨ ᠡᠪᠡᠰᠦ ᠶᠢ ᠲᠠᠷᠢᠬᠤ ᠳᠤ ᠬᠦᠴᠢᠷᠡᠭᠦᠯᠬᠦ ᠪᠣᠳᠤᠰ ᠢ ᠪᠠᠭᠠᠰᠬᠠᠨ ᠬᠡᠷᠡᠭᠯᠡᠵᠦ ᠪᠣᠯᠬᠤ ᠪᠥᠭᠡᠳ ᠦᠷ᠎ᠡ ᠶᠢᠨ ᠦᠨᠳᠦᠷᠴᠡ ᠶᠢ ᠨᠡᠮᠡᠭᠳᠡᠭᠦᠯᠵᠦ ᠴᠢᠳᠠᠨ᠎ᠠ᠃ ᠬᠦᠷᠰᠦ ᠶᠢᠨ ᠦᠷᠡᠵᠢᠯ ᠪᠠᠭ᠎ᠠ ᠭᠠᠵᠠᠷ ᠲᠤ ᠪᠤᠷᠴᠠᠭ ᠤᠨ ᠲᠦᠷᠦᠯ ᠤᠨ ᠮᠠᠯ ᠤᠨ ᠡᠪᠡᠰᠦ ᠳᠦ ᠹᠣᠰᠹᠣᠷ ᠪᠣᠳᠤᠰ ᠬᠡᠷᠡᠭᠯᠡᠪᠡᠯ ᠦᠷ᠎ᠡ ᠶᠢᠨ ᠦᠨᠳᠦᠷᠴᠡ ᠶᠢ ᠮᠡᠳᠡᠷᠡᠬᠦᠢᠴᠡ ᠨᠡᠮᠡᠭᠳᠡᠭᠦᠯᠵᠦ ᠴᠢᠳᠠᠨ᠎ᠠ᠃ ᠲᠤᠰ ᠪᠣᠳᠤᠰ ᠨᠢ ᠦᠨᠳᠦᠰᠦ ᠶᠢᠨ ᠰᠠᠶᠢᠨ ᠳᠡᠯᠭᠡᠷᠡᠬᠦ ᠶᠢ ᠳᠡᠮᠵᠢᠬᠦ᠂ ᠡᠷᠬᠢᠨ ᠴᠡᠴᠡᠭ ᠦᠨ ᠵᠢᠷᠤᠮ ᠤᠨ ᠳᠠᠭᠤᠷᠢᠶᠠᠯ ᠢ ᠨᠡᠮᠡᠭᠳᠡᠭᠦᠯᠬᠦ ᠴᠢᠭᠤᠯᠭ᠎ᠠ ᠲᠠᠢ᠃ ᠦᠨᠳᠦᠰᠦ ᠶᠢᠨ ᠪᠣᠯᠪᠠᠰᠤᠷᠠᠭᠤᠯᠬᠤ ᠴᠢᠳᠠᠪᠬᠢ ᠶᠢ ᠳᠡᠭᠡᠭᠰᠢᠯᠡᠭᠦᠯᠬᠦ ᠳᠦ ᠠᠰᠠᠷ ᠴᠢᠬᠤᠯᠠ ᠦᠦᠷᠡᠭ ᠲᠡᠢ᠃ ᠹᠣᠰᠹᠣᠷ ᠪᠣᠳᠤᠰ ᠢ ᠬᠡᠷᠡᠭᠯᠡᠪᠡᠯ ᠦᠷ᠎ᠡ ᠶᠢᠨ ᠦᠨᠳᠦᠷᠴᠡ ᠶᠢ 20% ~ 30% ᠪᠠᠷ ᠨᠡᠮᠡᠭᠳᠡᠭᠦᠯᠵᠦ ᠪᠣᠯᠣᠨ᠎ᠠ᠃

ᠹᠣᠰᠹᠣᠷ ᠪᠣᠳᠤᠰ（ᠬᠤᠰ ᠹᠣᠰᠹᠣᠷ ᠪᠣᠳᠤᠰ ᠤᠨ ᠳᠣᠲᠣᠷᠠᠬᠢ P_2O_2 ᠤᠨ ᠠᠭᠤᠯᠤᠮᠵᠢ 12%~18%）ᠬᠡᠷᠡᠭᠯᠡᠭᠰᠡᠨ ᠬᠡᠮᠵᠢᠶ᠎ᠡ ᠶᠢ ᠬᠠᠮᠲᠤ ᠪᠣᠭᠣᠯᠣᠩ ᠡᠪᠡᠰᠦ ᠶᠢᠨ ᠦᠷ᠎ᠡ ᠶᠢᠨ ᠦᠨᠳᠦᠷᠴᠡ ᠳᠦ ᠨᠥᠯᠦᠭᠡᠯᠡᠬᠦ ᠨᠥᠯᠦᠭᠡ

ᠪᠣᠳᠤᠰ ᠬᠡᠷᠡᠭᠯᠡᠭᠰᠡᠨ ᠬᠡᠮᠵᠢᠶ᠎ᠡ (kg/hm²)	ᠦᠷ᠎ᠡ ᠶᠢᠨ ᠦᠨᠳᠦᠷᠴᠡ (kg/hm²)		
	ᠲᠠᠷᠢᠭᠰᠠᠨ ᠣᠨ ᠤ ᠬᠤᠷᠢᠶᠠᠯᠲᠠ	ᠬᠣᠶᠠᠳᠤᠭᠠᠷ ᠣᠨ ᠤ ᠬᠤᠷᠢᠶᠠᠯᠲᠠ	ᠭᠤᠷᠪᠠᠳᠤᠭᠠᠷ ᠣᠨ ᠤ ᠬᠤᠷᠢᠶᠠᠯᠲᠠ
0	154	950	875
225	188	1 250	1 250
450	207	1 440	1 425
1 125	218	1 700	1 625
1 500	282	1 851	1 750
1 875	219	1 900	1 800

ᠡᠬᠢ ᠰᠤᠷᠪᠤᠯᠵᠢ: ᠬᠠᠨ ᠵᠢᠶᠠᠨ ᠭᠦᠸᠧ · 1992 ᠣᠨ ᠃

3. 特殊养分

硫是蛋白质的组成元素，豆科牧草的生长中需要大量的硫，种子生产中保证足够的硫肥才能达到稳定和高产。紫花苜蓿种子生产中都需要施硫肥。在土壤硫酸根含量为2 mg/kg的白三叶种子田施入20 kg/hm^2硫酸钙可使种子产量从356 kg/hm^2增加到512 kg/hm^2。

硼对牧草种子生产具有特殊的作用，在土壤含硼量足以满足营养生长的情况下，施硼仍可增加牧草种子产量。施硼可增加白三叶的授粉率、结实率，促进紫花苜蓿的开花，增加红三叶花朵蜜量、小花数和结实数。硼有利于非洲狗尾草授粉过程中花粉萌发的细胞代谢和花粉管的伸长，促进授粉和增加结实率。一般牧草种子生产中土壤含硼量的临界值为0.5 mg/kg，施肥量应为10 ～ 20 kg硼砂（硼化钠）/hm^2，或用0.5%的硼砂溶液叶面喷施。

钙可提高地三叶的结实率，还可刺激南非狗尾草花粉粒的萌发。此外，铜、镁、锌等都有促进牧草花粉粒萌发的作用，增施铜和铜肥可增加豆科牧草种子的产量。

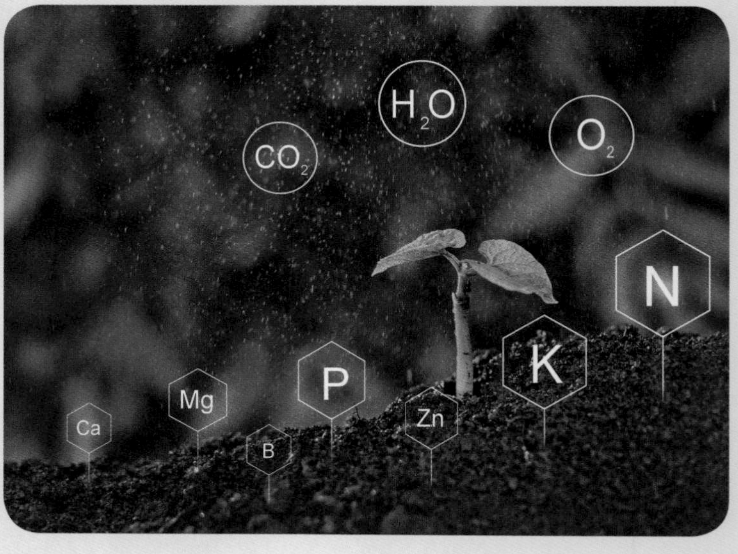

ᠬᠤᠪᠢᠷᠠᠭᠤ ᠤ ᠦᠷ᠎ᠡ ᠶᠢᠨ ᠦᠢᠯᠡᠳᠪᠦᠷᠢᠯᠡᠯ ᠳᠦ ᠪᠠᠭᠤᠯᠭᠠᠬᠤ ᠤ ᠪᠣᠷ ᠬᠡᠮᠵᠢᠶᠡᠯᠡᠬᠦ ᠬᠡᠮᠵᠢᠶ᠎ᠡ ᠤ ᠬᠣᠶᠠᠷ ᠬᠡᠮᠵᠢᠶᠡᠨ ᠢ 0.5 mg/kg ᠪᠣᠯᠭᠠᠵᠤ · 10 ~ 20 kg/hm² ᠬᠡᠮᠵᠢᠶ᠎ᠡ ᠤ ᠪᠣᠷ ᠤᠨ ᠰᠠᠪᠤᠬᠤ

ᠲᠣᠭᠲᠠᠮᠠᠯ ᠤᠨ ᠦᠷ᠎ᠡ ᠶᠢᠨ ᠰᠠᠪᠤᠬᠤ ᠳᠤ 20 kg/hm² ᠮᠣᠯᠢᠪ ᠮᠣᠯᠢᠪ ᠤᠨ ᠮᠣᠯᠢᠪ ᠨᠡᠮᠡᠬᠦ ᠦᠷ᠎ᠡ ᠶᠢᠨ ᠦᠢᠯᠡᠳᠪᠦᠷᠢ ᠶᠢ 356 kg/hm² ᠡᠴᠡ 512 kg/hm² ᠪᠣᠯᠭᠠᠨ
ᠬᠠᠷᠢᠴᠠᠭᠤᠯᠪᠠᠯ ᠳᠤ ᠪᠣᠯᠤᠨ ᠮᠣᠯᠢᠪ ᠬᠡᠮᠵᠢᠶ᠎ᠡ ᠶᠢᠨ ᠨᠡᠮᠡᠭᠳᠡᠪᠡ ᠃ ᠮᠣᠯᠢᠪᠳ᠋ᠧᠨ ᠤ ᠮᠣᠯᠢᠪ ᠮᠣᠯᠢᠪ ᠤᠨ ᠬᠥᠷᠰᠦ ᠨᠢ ᠬᠥᠷᠰᠦ ᠳᠦ ᠰᠢᠩᠭᠡᠭᠡᠭᠰᠡᠨ ᠢ 2 mg/kg ᠪᠣᠯᠭᠠᠬᠤ ᠴᠢᠭᠢᠭ

（三）灌溉

牧草种子产量的基础是在建植和花序分化这两个阶段奠定的，因而在这两个阶段之前应进行灌溉。在营养生长后期或开花初期，适当缺水对增加种子产量有一定好处。在整个开花期保持灌水，使种子产量提高。大量试验证明，干湿交替有利于牧草种子生产。

（四）杂草防治

杂草同牧草竞争可降低牧草种子的产量；杂草会污染牧草种子，降低牧草种子的质量，使其难以销售；混有杂草种子的牧草种子，给精选带来很大困难，提高精选成本，反复清选还会引起牧草种子的损失。

杂草的防治一般采取化学防治和生态防治两种方法。

1. 化学防治

播种前用对土壤无残毒的触杀性除草剂杀死土壤表层中的杂草幼苗。一般施用 1 ～ 2 L/hm^2 的非可湿性双吡啶类除草剂，如敌快特和百草枯商品药剂（20% 的有效成分）较为合适。播种前 20 天施入氟乐灵，并将除草剂施入土壤表层，杂草萌发时便被杀死。也可于播种前对土壤进行适当灌溉，促进杂草种子萌发，再用无残毒的灭生性除草剂喷施以杀灭杂草的幼苗。

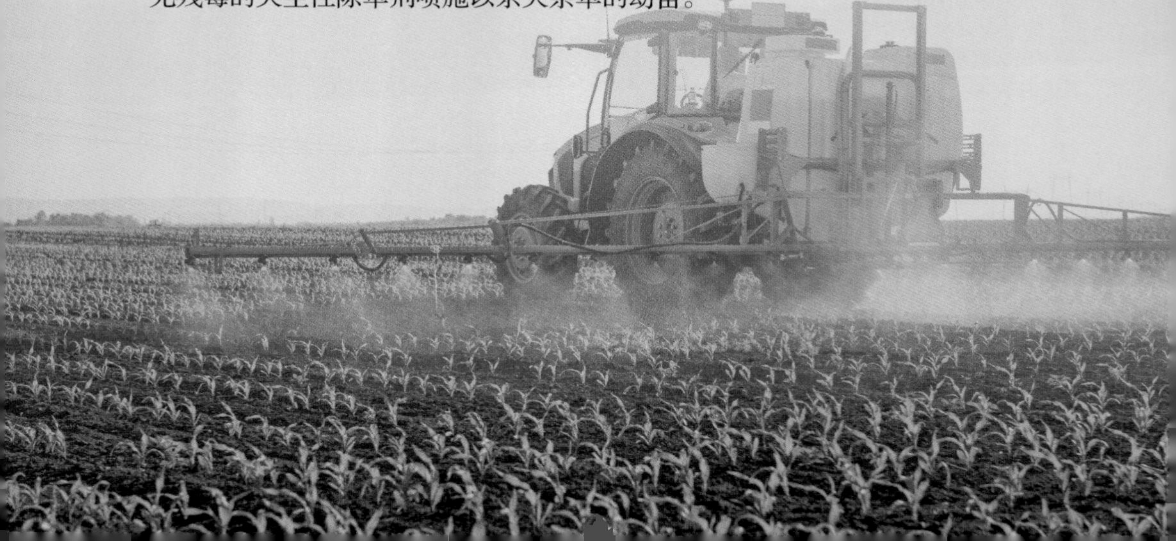

ᠬᠠᠪᠤᠷ ᠤᠨ 20 ᠬᠣᠨᠤᠭ ᠤᠨ ᠡᠮᠦᠨ᠎ᠡ ᠳᠢᠶᠠᠯᠪᠠᠷ ᠬᠤ ᠯᠧ ᠯᠢᠩ (氟乐灵) ᠢ ᠬᠡᠷᠡᠭᠯᠡᠵᠦ ᠪᠣᠭ ᠨᠣᠭᠣ ᠶᠢᠨ ᠦᠷ᠎ᠡ ᠶᠢ ᠵᠡᠭᠦᠯᠡᠨ ᠬᠢᠮᠠᠯᠠᠨ ᠪᠣᠭ ᠨᠣᠭᠣ ᠶᠢᠨ ᠦᠷ᠎ᠡ ᠨᠢ ᠪᠦᠷ ᠠᠰᠠᠷ
ᠳᠢ (敌快特) ᠪᠤᠶᠤ ᠪᠠᠢ ᠴᠠᠣ ᠺᠦ (百草枯) ᠵᠡᠷᠭᠡ ᠬᠣᠷ ᠤᠨ ᠡᠮ ᠢ ᠬᠠᠪᠤᠷ ᠤᠨ ᠰᠡᠷᠡᠭᠦᠨ (20% ᠤᠨ ᠤᠰᠤᠳᠠᠭ ᠪᠡᠯᠡᠳᠬᠡᠯ) ᠢ ᠰᠣᠨᠭᠭᠣᠨ ᠬᠡᠷᠡᠭᠯᠡᠬᠦ ᠪᠡᠷ ᠪᠣᠯᠤᠨ᠎ᠠ ::
ᠬᠣᠷ ᠤᠨ ᠡᠮ ᠢ ᠭᠡᠳ ᠤᠨ ᠰᠡᠷᠭᠡᠢᠯᠡᠭᠡ :: ᠬᠡᠷᠡᠭᠯᠡᠬᠦ ᠬᠡᠮᠵᠢᠶ᠎ᠡ 1 ~ 2 L/hm² ᠤᠨ ᠬᠡᠮᠵᠢᠶᠡᠭᠡᠷ ᠠᠭᠠᠷ ᠪᠠᠷ ᠤᠰᠤ ᠲᠠᠢ ᠬᠣᠯᠢᠨ ᠱᠦᠷᠰᠦᠭᠡᠳ ᠲᠠᠷᠢᠮᠠᠯ ᠤᠨ ᠲᠠᠯᠠᠪᠠᠢ ᠳᠤ ᠴᠠᠴᠤᠨ᠎ᠠ :: ᠲᠠᠷᠢᠯᠭ᠎ᠠ ᠶᠢᠨ ᠡᠮᠦᠨ᠎ᠡ

牧草出苗之后要根据田间杂草的种类选择除草剂。一般可用三氯乙酸（TCA）杀死禾本科杂草野燕麦，可用二-甲四-氯（MCP）、2，4-D、麦草畏、噻草平、溴苯腈等杀灭阔叶杂草。豆科牧草在苗后控制阔叶杂草可用二-甲四-氯丙酸（用于红三叶草地）、2，4-D丁酯、碘苯腈、溴苯腈和噻草平（不能用于百脉根草地）。对于禾本科杂草可用拿草特、对草快、敌草隆、去莠津（适于红三叶、紫花苜蓿、百脉根和红豆草种子田）等。

2. 生态防治

杂草的生态防治是通过合理的管理措施达到控制杂草的目的。地段选择上要尽可能避开杂草，如选择初垦草地或初垦林地，杂草较少。建植阶段防治杂草比建植后防治更为有利，可利用杂草和所建植牧草对环境条件的要求不同，选择适合的播种期，避开杂草的侵害。如在温带秋季播种，这时杂草种子的萌发受温度的限制，适合于多年生牧草种子的萌发；或春季在杂草种子大量萌发之前播种牧草，使牧草先于杂草建植成功。

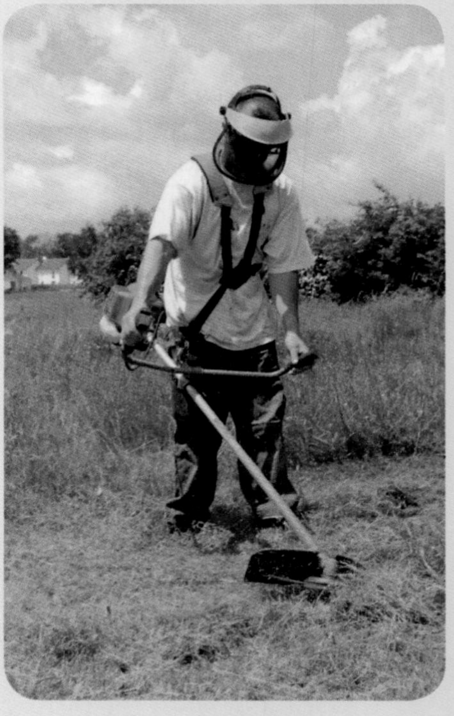

利用田间管理措施造成有利于牧草的竞争环境抑制杂草的发育。如提高施肥水平，加速牧草的建植速度，使牧草尽早形成茂密的草层结构，从而抑制杂草的侵入。用割草机割掉高秆杂草，阻止其开花，控制种子产生。利用放牧或刈割等措施都可达到防除杂草的目的。对于茎秆较矮的杂草，可通过调整刈割高度，避免收获时混入杂草种子。

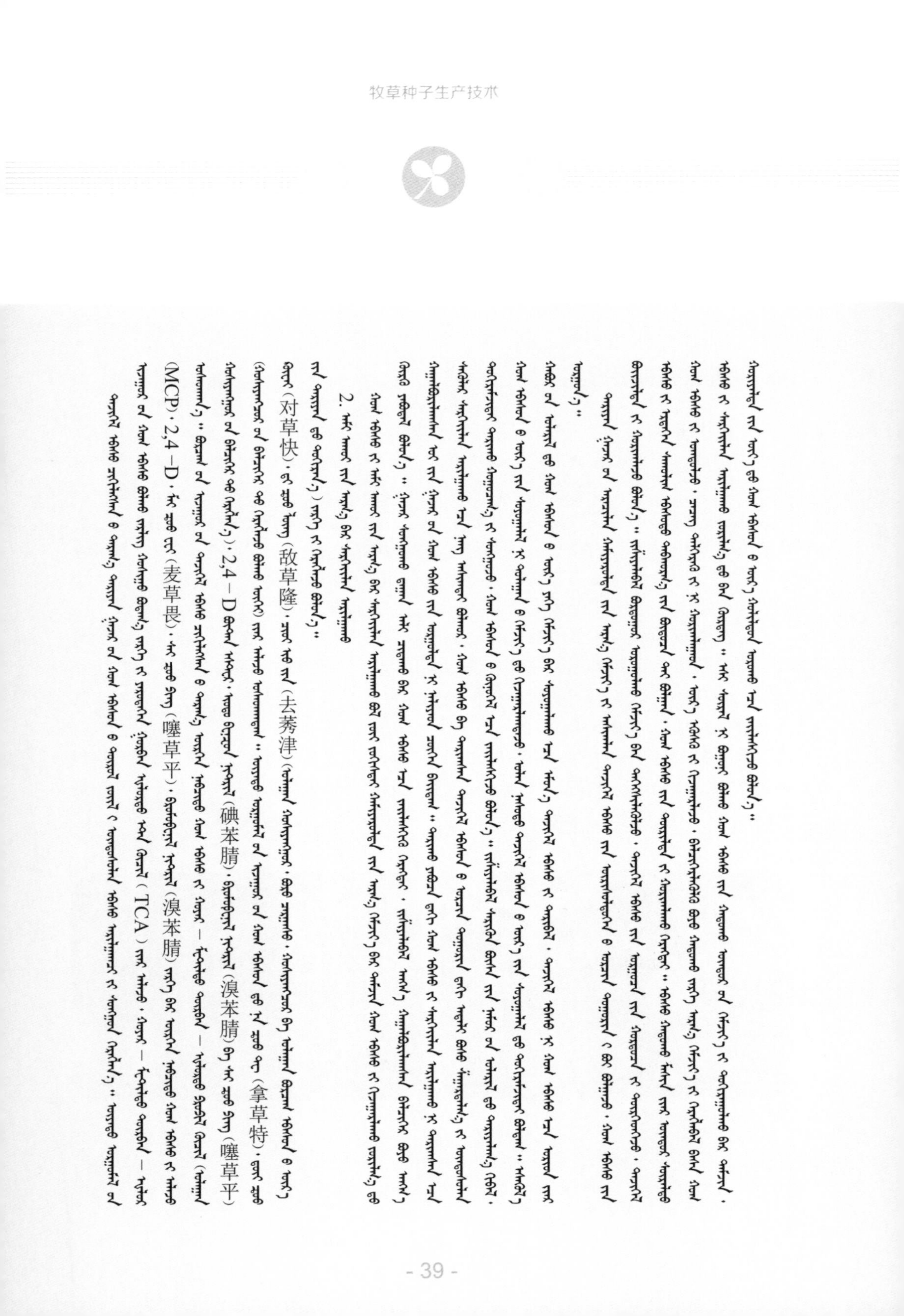

[illegible]

2. [illegible]

[illegible]（对草快）、[illegible]（敌草隆）、[illegible]（去莠津）[illegible]（拿草特）、[illegible]（碘苯腈）、[illegible]（溴苯腈）[illegible]（噻草平）（MCP）、2,4－D[illegible]、2,4－D、[illegible]（麦草畏）、[illegible]（噻草平）、[illegible]（溴苯腈）[illegible]（TCA）[illegible]

（五）病虫害防治

1. 病虫害种类

直接危害禾本科牧草种子的病害有麦角病、瞎籽病和黑穗病。受麦角病严重危害的牧草有大黍、纤毛蒺藜草、多年生黑麦草、草地早熟禾和雀麦等。在开花期，病菌孢子侵入子房后发育，代替了胚珠，造成结实不良。瞎籽病的病原菌常常危害多年生黑麦草的花器，降低种子的产量和质量。黑穗病危害多种禾本科牧草，病菌主要破坏花器，感病植株小穗内小花的子房和小穗的颖片基部被病菌破坏，形成泡状孢子堆而代替籽粒，从而造成种子减产。

豆科牧草的病害大多由真菌引起，如红三叶与白三叶的茎腐病和根腐病。另外，豆科牧草常见病害还有三叶草北方炭疽病、苜蓿锈病、苜蓿白粉病、苜蓿叶斑病、柱花草炭疽病等。受病原体侵染后的牧草表现为子房发育不全，落花和落荚使种子产量、质量下降。

危害牧草种子生产的害虫有蚜虫、蓟马、盲蝽、籽象甲、苜蓿籽蜂等。这些害虫常常取食花蕾、幼花、子房，或吸食花器的汁液及蛀食种子，造成种子产量下降。

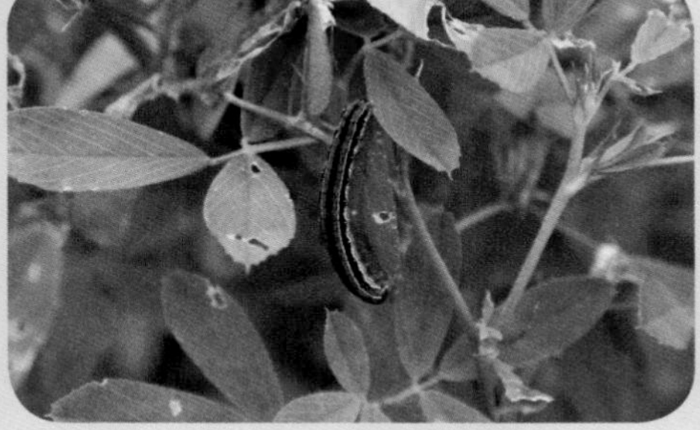

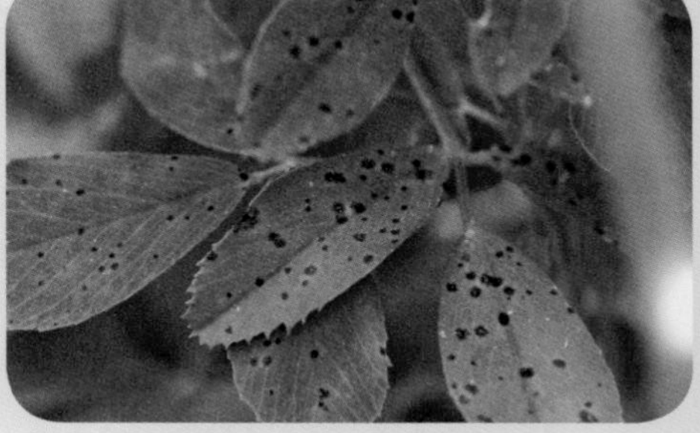

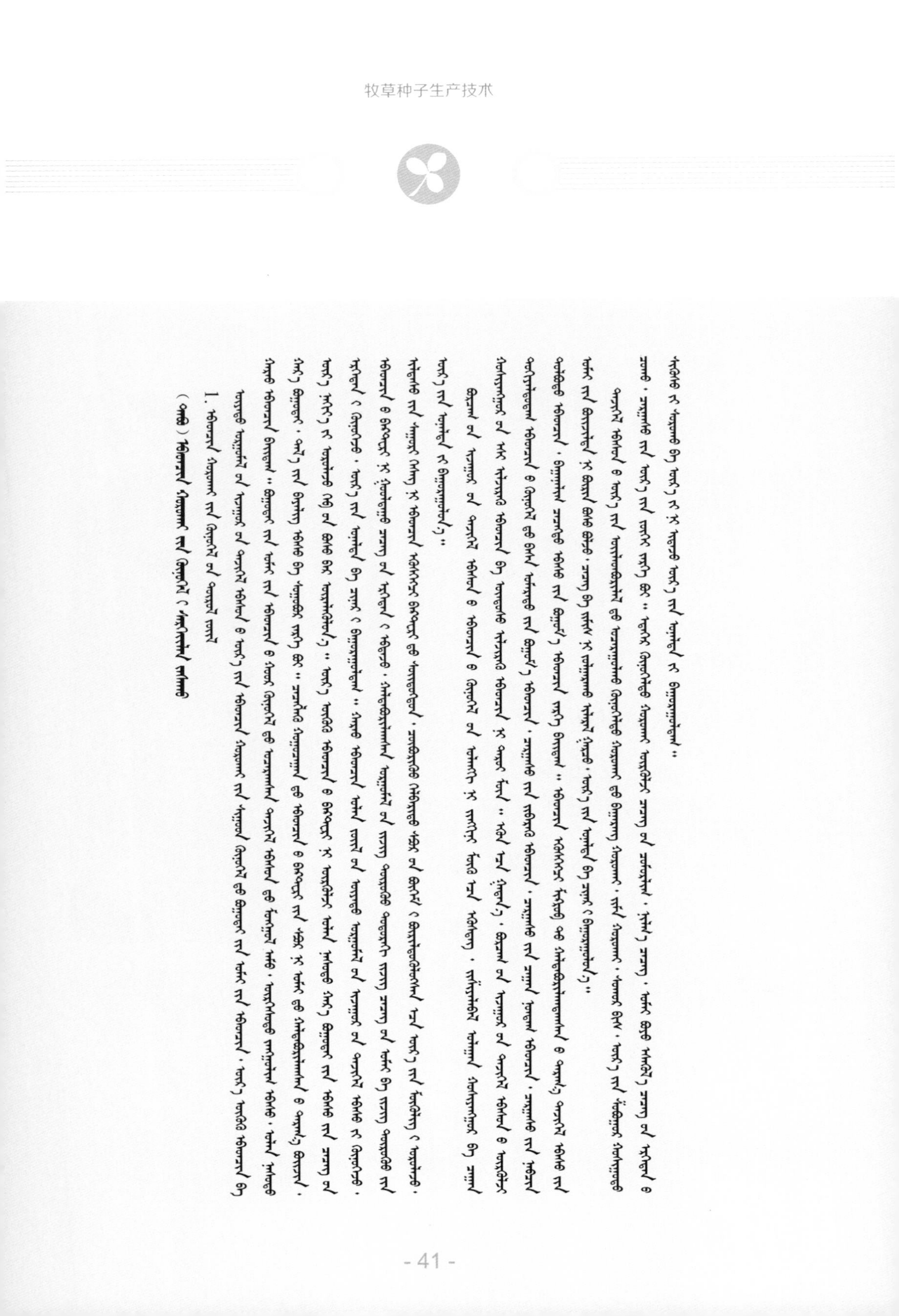

[illegible]

2. 病虫害防治

（1）选用抗病虫害的品种：不同牧草品种对病虫害的抗性不同，选择抗病虫害的品种是防治病虫害的重要措施之一。紫花苜蓿中的Cherokee和Teton两个品种对苜蓿锈病的抗性高，红三叶中的Daliak品种是三叶草北方炭疽病的高抗品种。圭亚那柱花草中的品种极易感染炭疽病，而来自哥伦比亚的品种184和136抗性较强。距瓣豆栽培品种Belalto对叶斑病和红螨的抗性比普通距瓣豆强。

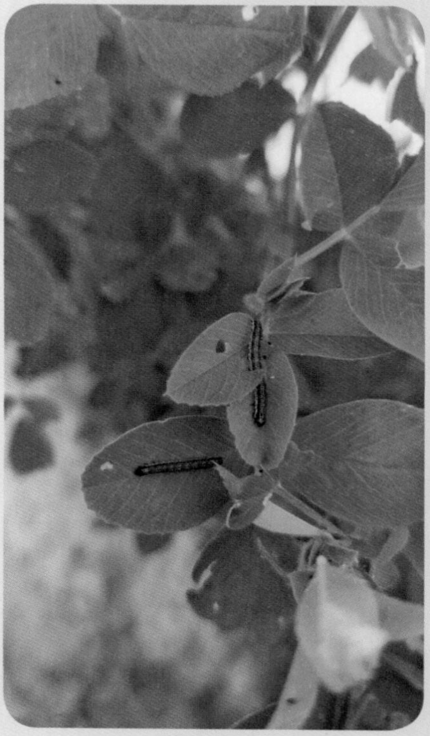

（2）播种无病虫害的种子：从外地引入的种子或其他播种材料必须进行植物检疫，防止病虫随种子一起引入，特别是那些可传染同属其他种或其他品种甚至可传染其他属植物的病害。还可通过种子处理达到消灭病虫害的目的，如禾本科牧草的黑穗病可用温水浸种、用萎锈灵和福美双等化学药剂处理种子以杀死病原菌的冬孢子；用菲醌（种子质量的0.3%）或福美双拌种可消灭苜蓿叶斑病夹杂在种子残体上的越冬子囊孢子；可用干热法（70℃，6小时）消灭三叶草种子上所带炭疽病病菌。

ᠪᠣᠯᠤᠨ᠎ᠠ ᠤᠷᠤᠭ ᠢ ᠬᠣᠣᠷᠯᠠᠯ ᠠᠴᠠ ᠬᠠᠮᠠᠭᠠᠯᠠᠨ᠎ᠠ ᠃

ᠬᠠᠯᠠᠭᠤᠨ ᠤᠷᠤᠭ ᠢ ᠤᠰᠤᠨ ᠳᠤ ᠳᠡᠪᠲᠡᠭᠡᠬᠦ ᠪᠤᠶᠤ ᠡᠮ ᠢᠶᠡᠷ ᠪᠣᠳᠤᠬᠤ ᠠᠷᠭ᠎ᠠ ᠬᠡᠷᠡᠭᠯᠡᠨ᠎ᠡ ᠃ ᠬᠠᠯᠠᠭᠤᠨ ᠤᠰᠤ ᠲᠠᠢ （70℃ 6 ᠮᠢᠨ᠋） ᠪᠣᠯᠪᠠᠰᠤᠷᠠᠭᠤᠯᠬᠤ ᠪᠠ ᠤᠷᠤᠭ ᠤᠨ
ᠭᠠᠳᠠᠷ ᠢ ᠡᠮ ᠢᠶᠡᠷ ᠪᠦᠷᠬᠦ ᠃ ᠹᠸᠢᠺᠦᠢᠨ（菲醌）（ᠤᠷᠤᠭ ᠤᠨ ᠵᠢᠩ 0.3%）ᠪᠤᠶᠤ ᠹᠦ ᠮᠸᠢ ᠱᠤᠸᠠᠩ（福美双）ᠲᠠᠢ ᠤᠷᠤᠭ ᠢ ᠬᠣᠯᠢᠵᠤ ᠂ ᠤᠷᠤᠭ ᠤᠨ ᠭᠠᠳᠠᠷ ᠤ
ᠪᠣᠷᠴᠠᠭ ᠤᠨ ᠡᠪᠡᠳᠴᠢᠨ ᠢ ᠰᠡᠷᠭᠡᠢᠯᠡᠨ᠎ᠡ ᠂ ᠸᠸᠢ ᠰᠢᠦ ᠯᠢᠩ（萎锈灵）ᠪᠤᠶᠤ ᠹᠦ ᠮᠸᠢ ᠱᠤᠸᠠᠩ（福美双）ᠤᠨ ᠬᠣᠯᠢᠮᠠᠭ ᠲᠠᠢ ᠤᠷᠤᠭ ᠢ ᠪᠣᠯᠪᠠᠰᠤᠷᠠᠭᠤᠯᠵᠤ ᠂ ᠤᠷᠤᠭ ᠬᠠᠷᠢᠶᠠᠯᠠᠯ ᠤᠨ
ᠡᠪᠡᠳᠴᠢᠨ ᠤᠨ ᠲᠠᠷᠬᠠᠯᠲᠠ ᠶᠢ ᠪᠠᠭᠤᠷᠠᠭᠤᠯᠬᠤ ᠳᠤ ᠲᠤᠰᠠ ᠲᠠᠢ ᠃ ᠡᠮ ᠢᠶᠡᠷ ᠪᠦᠷᠬᠦ ᠤᠷᠤᠭ ᠢ ᠲᠠᠷᠢᠬᠤ ᠳᠤ ᠤᠷᠤᠭ ᠤᠨ ᠭᠠᠳᠠᠷ ᠤ ᠤᠷᠤᠭ ᠤᠨ
ᠪᠣᠯᠤᠨ᠎ᠠ ᠠᠮᠢᠲᠠᠨ ᠤ ᠪᠣᠯᠤᠨ᠎ᠠ ᠬᠣᠣᠷᠤ ᠤᠨ ᠲᠡᠷᠢᠭᠦᠨ ᠳᠦ ᠪᠣᠯᠪᠠᠰᠤᠷᠠᠭᠤᠯᠬᠤ ᠤᠷᠤᠭ ᠤᠨ ᠡᠪᠡᠳᠴᠢᠨ ᠢ ᠰᠡᠷᠭᠡᠢᠯᠡᠨ᠎ᠡ ᠃ ᠡᠮ ᠤᠷᠤᠭ ᠢ ᠪᠣᠯᠪᠠᠰᠤᠷᠠᠭᠤᠯᠬᠤ ᠳᠤ ᠤᠷᠤᠭ
ᠲᠠᠷᠢᠬᠤ ᠳᠤ ᠪᠠᠭᠤᠷᠠᠭᠤᠯᠬᠤ ᠂ ᠤᠷᠤᠭ ᠤᠨ ᠡᠪᠡᠳᠴᠢᠨ ᠢ ᠤᠷᠤᠭ ᠢ ᠤᠷᠭᠤᠭᠤᠯᠬᠤ ᠦᠶ᠎ᠡ ᠳᠦ ᠰᠡᠷᠭᠡᠢᠯᠡᠬᠦ ᠂ ᠰᠡᠷᠭᠡᠢᠯᠡᠬᠦ ᠠᠷᠭ᠎ᠠ ᠨᠢ ᠪᠣᠯᠤᠨ᠎ᠠ ᠃

（2）ᠤᠷᠤᠭ ᠤᠨ ᠡᠪᠡᠳᠴᠢᠨ ᠤᠨ ᠡᠰᠡᠷᠭᠦ ᠤᠷᠤᠭ ᠢ ᠰᠤᠩᠭᠤᠬᠤ ᠄ ᠤᠷᠤᠭ ᠤᠨ ᠡᠪᠡᠳᠴᠢᠨ ᠢ ᠡᠰᠡᠷᠭᠦᠴᠡᠬᠦ ᠴᠢᠳᠠᠪᠬᠢ ᠲᠠᠢ ᠰᠣᠷᠲ ᠢ ᠰᠣᠩᠭᠤᠨ ᠲᠠᠷᠢᠬᠤ ᠨᠢ ᠡᠪᠡᠳᠴᠢᠨ ᠢ
ᠰᠡᠷᠭᠡᠢᠯᠡᠬᠦ ᠬᠠᠮᠤᠭ ᠤᠨ ᠡᠳᠦᠢᠯᠡᠭ ᠰᠠᠶᠢᠨ ᠠᠷᠭ᠎ᠠ ᠮᠥᠨ ᠃

ᠬᠣᠣᠷᠤ ᠤᠨ ᠡᠪᠡᠳᠴᠢᠨ ᠢ ᠡᠰᠡᠷᠭᠦᠴᠡᠬᠦ ᠴᠢᠳᠠᠪᠬᠢ ᠮᠥᠨ ᠃ ᠡᠰᠡᠷᠭᠦᠴᠡᠬᠦ ᠴᠢᠳᠠᠪᠬᠢ ᠲᠠᠢ ᠰᠣᠷᠲ Belalto ᠶᠢᠨ ᠤᠷᠤᠭ ᠢ ᠲᠠᠷᠢᠬᠤ ᠳᠤ ᠤᠷᠤᠭ ᠤᠨ ᠡᠪᠡᠳᠴᠢᠨ ᠤ ᠬᠣᠣᠷᠤ
ᠤᠷᠤᠭ ᠤᠨ ᠪᠦᠲᠦᠭᠡᠴᠡ ᠲᠠᠷᠢᠮᠠᠯ ᠤᠨ ᠰᠣᠷᠲ ᠤᠨ ᠤᠷᠤᠭ ᠢ ᠡᠪᠡᠳᠴᠢᠨ ᠳᠦ ᠡᠰᠡᠷᠭᠦᠴᠡᠬᠦ ᠂ ᠤᠷᠤᠭ ᠤᠨ ᠭᠠᠷᠤᠯᠲᠠ 184 ᠪᠠ 136 ᠰᠣᠷᠲ ᠢ ᠤᠷᠤᠭ
ᠪᠣᠯᠤᠨ᠎ᠠ ᠃ ᠡᠰᠡᠷᠭᠦ ᠪᠣᠯᠪᠠᠰᠤᠷᠠᠭᠤᠯᠤᠭᠰᠠᠨ Daliak ᠰᠣᠷᠲ ᠢ ᠪᠣᠯᠪᠠᠰᠤᠷᠠᠭᠤᠯᠬᠤ ᠳᠤ ᠤᠷᠤᠭ ᠤᠨ ᠡᠪᠡᠳᠴᠢᠨ ᠢ ᠪᠠᠭᠤᠷᠠᠭᠤᠯᠬᠤ ᠰᠣᠷᠲ ᠪᠣᠯᠤᠨ᠎ᠠ ᠃
ᠭᠠᠷᠤᠯᠲᠠ ᠶᠢᠨ ᠬᠡᠮᠵᠢᠶ᠎ᠡ ᠪᠣᠯᠤᠨ᠎ᠠ ᠃ ᠪᠠᠰᠠ ᠲᠠᠷᠢᠮᠠᠯ ᠤᠨ ᠪᠣᠯᠪᠠᠰᠤᠷᠠᠭᠤᠯᠤᠭᠰᠠᠨ Cherokee ᠪᠣᠯᠤᠨ Teton ᠵᠡᠷᠭᠡ ᠰᠣᠷᠲ ᠢ ᠲᠠᠷᠢᠮᠠᠯ ᠤᠨ ᠤᠷᠤᠭ ᠤᠨ ᠡᠪᠡᠳᠴᠢᠨ ᠢ ᠡᠰᠡᠷᠭᠦᠴᠡᠬᠦ ᠤᠷᠤᠭ ᠤᠨ ᠪᠦᠲᠦᠭᠡᠴᠡ
ᠲᠠᠷᠢᠮᠠᠯ ᠢ ᠰᠠᠶᠢᠨ ᠡᠰᠡᠷᠭᠦ ᠮᠥᠨ ᠃ ᠤᠷᠤᠭ ᠤᠨ ᠡᠪᠡᠳᠴᠢᠨ ᠤᠨ ᠡᠰᠡᠷᠭᠦᠴᠡᠬᠦ ᠰᠣᠷᠲ ᠤᠨ ᠰᠣᠩᠭᠤᠯᠲᠠ ᠪᠠ ᠤᠷᠤᠭ ᠤᠨ ᠡᠪᠡᠳᠴᠢᠨ ᠢ ᠰᠡᠷᠭᠡᠢᠯᠡᠬᠦ ᠠᠷᠭ᠎ᠠ ᠵᠠᠮ ᠪᠣᠯᠤᠨ᠎ᠠ ᠃

（1）ᠤᠷᠤᠭ ᠤᠨ ᠡᠪᠡᠳᠴᠢᠨ ᠢ ᠡᠰᠡᠷᠭᠦᠴᠡᠬᠦ ᠰᠣᠷᠲ ᠢ ᠰᠣᠩᠭᠤᠬᠤ ᠄ ᠲᠤᠰ ᠪᠦᠰᠡ ᠰᠣᠷᠲ ᠤᠨ ᠲᠠᠷᠢᠮᠠᠯ ᠤᠨ ᠤᠷᠤᠭ ᠤᠨ ᠡᠪᠡᠳᠴᠢᠨ ᠢ ᠡᠰᠡᠷᠭᠦᠴᠡᠬᠦ

2. ᠤᠷᠤᠭ ᠤᠨ ᠡᠪᠡᠳᠴᠢᠨ ᠢ ᠰᠡᠷᠭᠡᠢᠯᠡᠬᠦ ᠠᠷᠭ᠎ᠠ

（3）施用化学药剂：使用杀菌剂、杀虫剂消灭危害牧草的病菌和害虫，又称化学防治。化学防治可明显提高牧草种子的产量。于土表施入唑菌酮（18 kg/hm^2）和叠氮钠（125 kg/hm^2）可控制麦角病。用苯菌灵（28 ～ 56 kg/hm^2）表土施药可清除土壤中瞎籽病的初侵染源。通过施用溴硫磷乳剂（500 g/hm^2）防治马铃薯盲蝽，可提高湿地百脉根种子产量40%。在进行化学防治时应注意不要伤害益虫，包括传粉媒介昆虫和捕食性有益昆虫。施用砜吸磷或三溴磷可以有效防治紫花苜蓿种子生产中的害虫，但对苜蓿的传粉者切叶蜂没有影响。

（4）轮作和消灭残茬：轮作具有自然土壤消毒的作用，对牧草种子田进行轮作以免田间病虫害逐年累加，造成病虫害流行。如多年留种的羊茅，瘿蚊逐渐增多，经5 ～ 6年将使其种子颗粒无收；连续留种紫花苜蓿其黄斑病发病率第二年为40.8%，第三年为92.3%，造成叶子脱落，严重影响种子的产量。合理的轮作倒茬既有利于牧草的生长，又使某些病虫失去寄主，达到消灭或减少病虫数量的目的。种子收获后，田间留下的残茬及田埂上的野生寄主植物是下一生长季中重要的初侵染源，因而刈割后清除残茬、杂草和野生寄主可以收到防治病虫的效果。

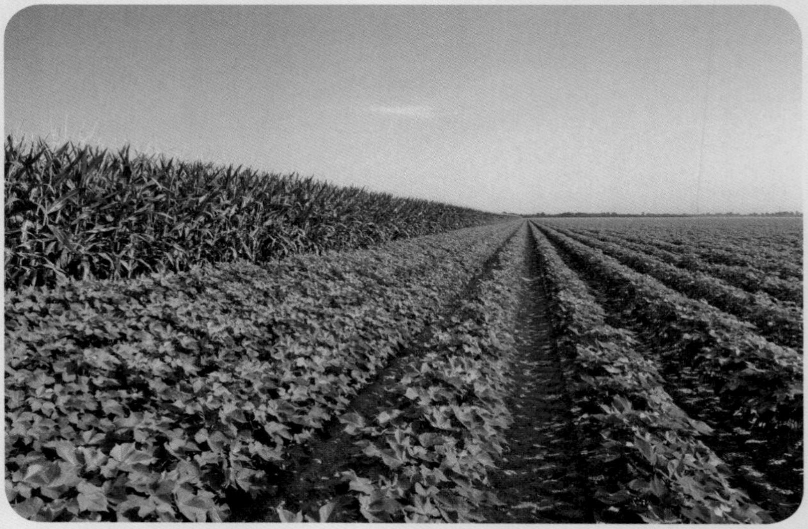

（4）ᠬᠢᠮᠢᠶᠠᠯ ᠡᠮ ᠪᠡᠷ ᠰᠡᠷᠭᠡᠢᠯᠡᠨ ᠵᠠᠰᠠᠬᠤ : ᠬᠢᠮᠢᠶᠠᠯ ᠡᠮ ᠢ ᠬᠡᠷᠡᠭᠯᠡᠬᠦ ᠶᠢᠨ ᠪᠣᠳᠣᠯᠲᠠ ᠬᠡᠷᠡᠭᠵᠢᠭᠦᠯᠬᠦ ᠬᠡᠷᠡᠭᠲᠡᠢ :: ᠭᠠᠷᠭᠠᠯ ᠲᠠᠷᠢᠮᠠᠯ ᠤᠨ ᠡᠨᠡ ᠨᠢ ᠡᠨᠡ ᠬᠣᠷᠣᠭᠠᠯᠲᠠ ᠶᠢᠨ ᠴᠠᠭ ᠤᠨ ᠪᠣᠳᠣᠯᠲᠠ ᠦᠷ᠎ᠡ ᠶᠢᠨ ᠪᠣᠯᠪᠠᠰᠤᠷᠠᠯ ᠬᠣᠷᠣᠭᠠᠯᠲᠠ᠂ ᠪᠣᠯ ᠲᠠᠷᠢᠮᠠᠯ ᠤᠨ ᠭᠠᠷᠭᠠᠬᠤ ᠭᠠᠷᠭᠠᠯᠲᠠ ᠪᠣᠯᠬᠤ ᠬᠣᠷᠣᠭᠠᠯ ᠡᠨᠡ ᠳᠤ ᠲᠣᠬᠢᠷᠠᠮᠵᠢ ᠪᠣᠯᠬᠤ ᠡᠨᠡ :: ᠬᠣᠷᠣᠭᠠᠢ ᠶᠢᠨ ᠪᠣᠳᠣ ᠬᠣᠭᠤᠷᠣᠨᠳᠣ ᠲᠠᠷᠢᠮᠠᠯ ᠬᠣᠷᠣᠭᠠᠯᠲᠠ ᠦᠷ᠎ᠡ ᠶᠢᠨ ᠬᠣᠷᠣᠭᠠᠯᠵᠢᠭᠤᠯᠬᠤ ᠪᠣᠯᠬᠤ ᠡᠨᠡ :: ᠪᠣᠯ ᠰᠢ ᠯᠢᠨ（砜吸磷）ᠪᠡᠷ ᠦᠷ᠎ᠡ ᠪᠣᠯᠪᠠᠰᠤᠷᠠᠯ ᠪᠣᠯᠬᠤ ᠶᠢ ᠪᠡᠷ ᠭᠠᠷᠭᠠᠯ ᠲᠠᠢ ᠡᠨᠡ ᠭᠠᠷᠭᠠᠬᠤ᠂ ᠲᠣᠭ᠎ᠠ ᠦᠷ᠎ᠡ ᠶᠢᠨ ᠬᠣᠷᠣᠭᠠᠯᠲᠠ ᠶᠢᠨ ᠡᠨᠡ ᠨᠢ ᠲᠣᠬᠢᠷᠠᠯ ᠤᠨ 40% ᠪᠠᠷ ᠪᠠᠭᠤᠷᠠᠭᠤᠯᠵᠤ ᠪᠣᠯᠤᠨ᠎ᠠ :: ᠭᠠᠯ ᠲᠠᠢ ᠬᠣᠷᠣᠭᠠᠯᠲᠠ ᠭᠠᠷᠭᠠᠯ ᠤᠨ ᠪᠣᠯ ᠭᠠᠷᠭᠠᠬᠤ ᠬᠣᠷᠣᠭᠠᠯᠲᠠ ᠶᠢᠨ ᠲᠠᠷᠢᠮᠠᠯ ᠤ ᠬᠣᠷᠣᠭᠠᠯ ᠤ ᠲᠠᠷᠢᠮᠠᠯᠴᠢᠨ ᠢ ᠬᠣᠷᠣᠭᠠᠯᠲᠠ ᠵᠠᠰᠠᠨ᠎ᠠ :: ᠪᠣᠳᠣ ᠪᠣᠯᠪᠠᠰᠤᠷᠠᠯ ᠪᠣᠯᠬᠤ ᠤᠨ ᠡᠨᠡ ᠬᠠᠷᠢᠭᠤᠯᠤᠨ᠎ᠠ（500 g/hm²）ᠶᠢ ᠴᠠᠴᠤᠨ ᠬᠡᠷᠡᠭᠯᠡᠬᠦ ᠶᠢᠨ ᠡᠨᠡ ᠪᠣᠯ ᠢ ᠬᠣᠷᠣᠭᠠᠯᠲᠠ ᠲᠠᠷᠢᠮᠠᠯᠲᠠ ᠵᠠᠰᠠᠨ᠎ᠠ :: ᠪᠡᠨ ᠵᠦᠨ ᠯᠢᠩ（苯菌灵）（28 ~ 56 kg/hm²）ᠢ ᠲᠠᠷᠢᠮᠠᠯ ᠤ ᠡᠨᠡ ᠬᠡᠷᠡᠭᠯᠡᠬᠦ ᠳᠤ ᠬᠣᠷᠣᠭᠠᠯᠲᠠ ᠲᠠᠷᠢᠮᠠᠯ ᠬᠣᠯᠠ ᠡᠨᠡ ᠬᠣᠷᠣᠭᠠᠯ ᠳᠤ ᠽᠦᠸ ᠵᠦᠨ ᠲᠦᠩ（唑菌酮）（18 kg/hm²）ᠪᠠ ᠳᠢᠶᠧ ᠳᠠᠨ ᠨᠠ（叠氮钠）（125 kg/hm²）ᠶᠢ ᠬᠡᠷᠡᠭᠯᠡᠬᠦ ᠬᠣᠷᠣᠭᠠᠯᠲᠠ᠂ ᠪᠣᠯᠪᠠᠰᠤᠨ ᠤ ᠡᠨᠡ ᠲᠠᠷᠢᠮᠠᠯ ᠢ ᠭᠠᠯ ᠲᠠᠢ ᠬᠣᠷᠣᠭᠠᠯᠲᠠ ᠭᠠᠷᠭᠠᠯ ᠬᠣᠷᠣᠭᠠᠢ :: ᠭᠠᠯ ᠲᠠᠢ ᠬᠣᠷᠣᠭᠠᠯᠲᠠ ᠭᠠᠷᠭᠠᠯ ᠢ ᠭᠠᠷᠭᠠᠬᠤ ᠲᠠᠷᠢᠮᠠᠯ ᠤ ᠡᠨᠡ ᠨᠢ ᠬᠣᠷᠣᠭᠠᠯ ᠢ ᠲᠣᠭᠲᠠᠭᠠᠨ ᠪᠠᠭᠤᠷᠠᠭᠤᠯᠵᠤ᠂ ᠲᠠᠷᠢᠮᠠᠯ ᠤ ᠡᠨᠡ ᠬᠣᠷᠣᠭᠠᠯᠲᠠ ᠪᠣᠯᠤᠨ᠎ᠠ

（六）人工辅助授粉

多年生牧草大多数属于异花授粉植物，授粉情况对种子产量和质量关系极大。生产上常采用人工辅助授粉提高牧草的授粉率，增加牧草种子的产量。

1. 禾本科牧草的人工辅助授粉

禾本科牧草为风媒花植物，借助风力传播花粉。在自然情况下，结实率并不高，视牧草的种类不同结实率为20% ～ 90%，多在30% ～ 70%。对禾本科牧草进行人工辅助授粉，必须在盛花期及一天中大量开花的时间进行。

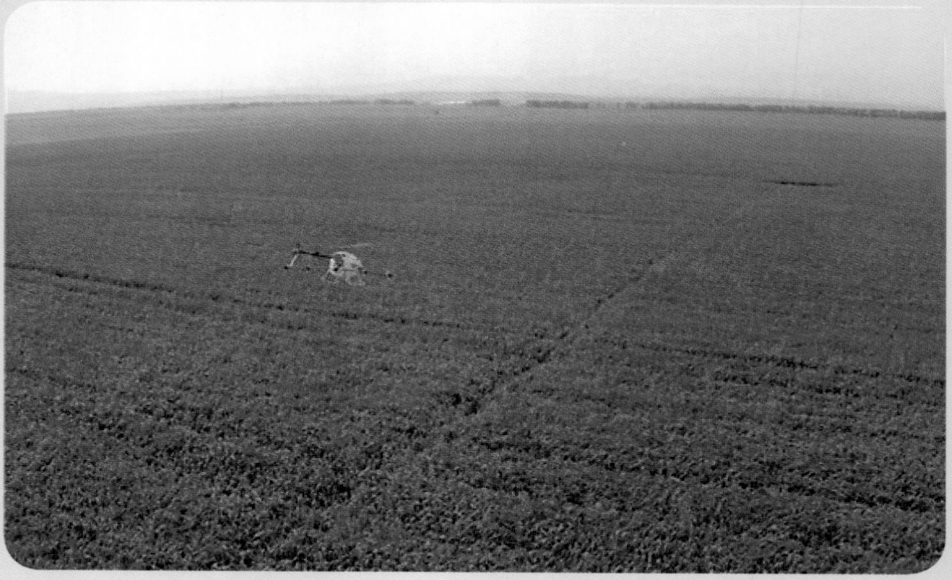

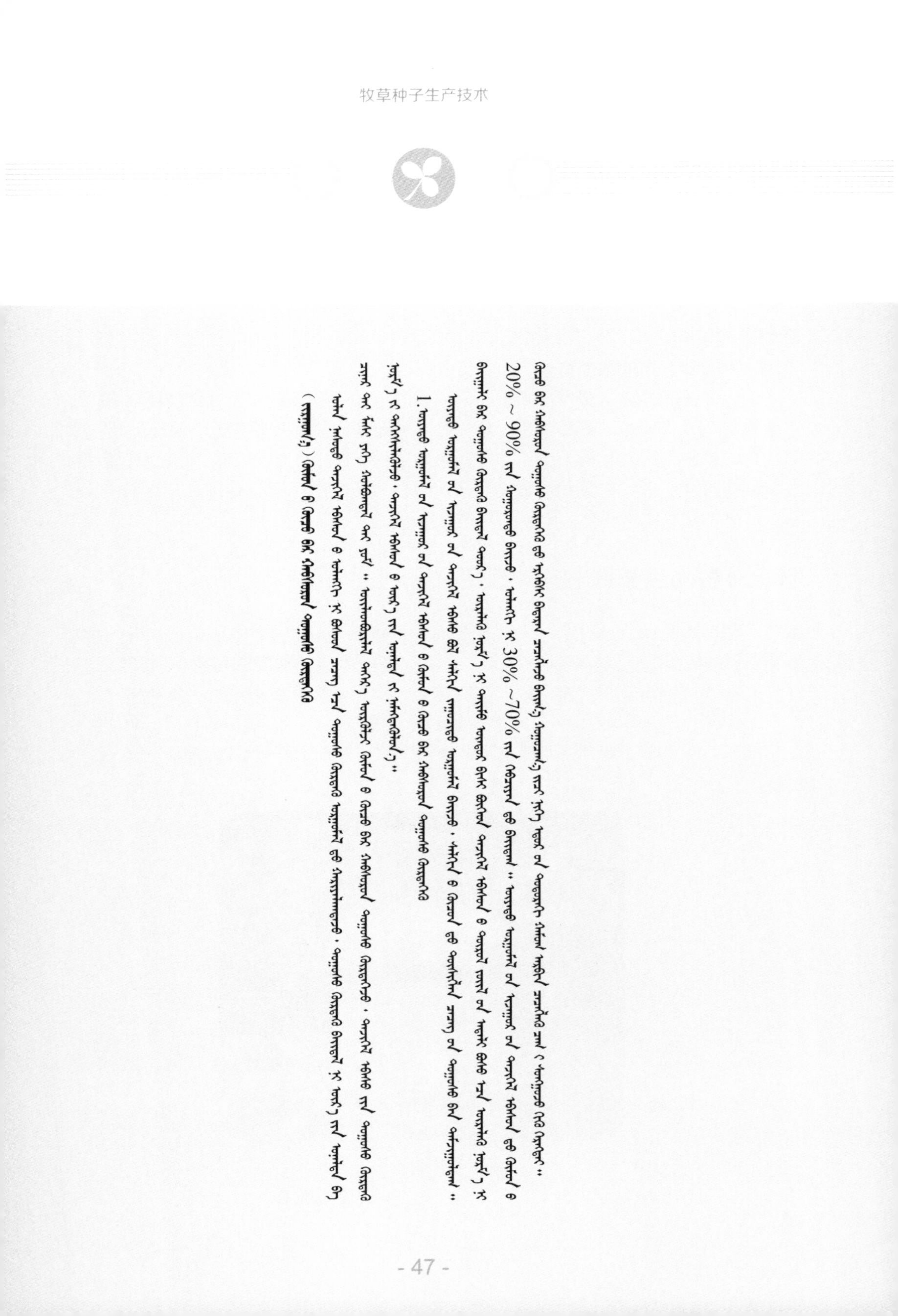

2. 豆科牧草的辅助授粉

大多数豆科牧草是自交不亲和的，所以生产种子所必需的异花授粉都要借助昆虫。蜜蜂、黄蜂、茧蜂和切叶蜂等是豆科牧草的主要授粉媒介。为了促进豆科牧草的授粉，提高其种子产量，在豆科牧草种子田中需配置一定数量的蜂巢或蜂箱。切叶蜂或茧蜂对紫花苜蓿有性花柱的打开和传粉起着非常重要的作用，几乎每一次采花都能引起花的张开和异花授粉。

（七）植物生长调节剂的运用

植物生长调节剂可明显增加牧草种子的产量。禾本科牧草的倒伏情况比较严重，往往造成大量受精合子败育。无芒雀麦、鸭茅、猫尾草等牧草施用矮壮素（CCC），可缩短节间长度，增加抗倒伏能力，从而提高种子产量。高羊茅、紫羊茅、多年生黑麦草施用生长延缓剂氯丁唑（PP333）可抑制节间伸长，增加抗倒伏能力，减少种子败育，增加花序上的结实数，使种子产量显著提高。

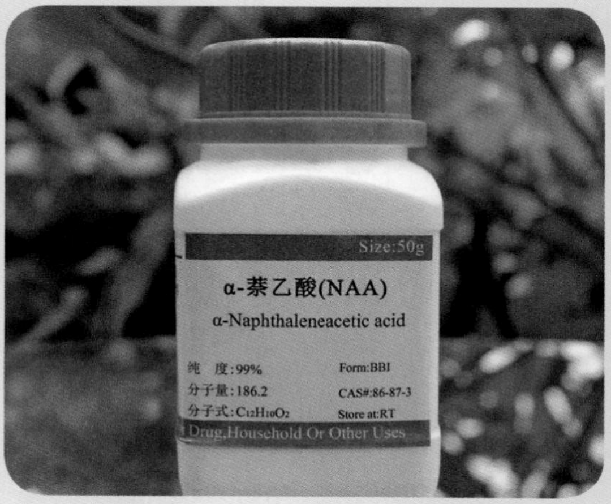

ᠰᠢᠯᠢᠭᠳᠡᠭᠦᠯᠦᠯᠲᠡ ᠵᠢᠨ ᠢᠯᠭᠠᠪᠠᠷᠢ ᠢ ᠲᠣᠭᠲᠠᠭᠠᠵᠠᠢ :: ᠲᠡᠷᠡ ᠨᠢ ᠦᠷ᠎ᠡ ᠶᠢᠨ ᠦᠨᠳᠦᠷ ᠪᠦᠲᠦᠭᠡᠯ ᠢ ᠪᠠᠲᠤᠯᠠᠭᠤᠯᠬᠤ᠂ ᠪᠠᠢ ᠵᠢᠭᠤᠯ ᠤᠨ ᠦᠨᠳᠦᠷᠲᠡᠢ ᠬᠢᠵᠦ ᠦᠷ᠎ᠡ ᠶᠢᠨ ᠦᠨᠳᠦᠷ ᠢ ᠪᠡ ᠦᠨᠳᠦᠷᠲᠡᠢ ᠶᠢ ᠦᠨᠳᠦᠰᠦᠯᠡᠭᠰᠡᠨ ᠪᠡᠷ ᠦᠷ᠎ᠡ ᠪᠦᠲᠦᠭᠡᠯᠲᠡ ᠦᠨᠳᠦᠷᠰᠢᠯ （PP333） ᠭᠡᠳᠡᠭ ᠦᠷ᠎ᠡ ᠶᠢᠨ ᠰᠣᠩᠭᠣᠭᠳᠠᠬᠤ ᠬᠡᠮ ᠶᠢᠨ ᠦᠨᠳᠦᠰᠦᠯᠡᠯ ᠢ ᠲᠣᠭᠲᠠᠭᠠᠵᠠᠢ᠂ ᠦᠷ᠎ᠡ ᠶᠢᠨ ᠦᠨᠳᠦᠷ ᠢ ᠰᠢᠯᠢᠭᠳᠡᠭᠦᠯᠦᠯᠲᠡ ᠵᠢᠨ ᠢᠯᠭᠠᠪᠠᠷᠢ ᠢ ᠲᠣᠭᠲᠠᠭᠠᠵᠤ᠂ ᠮᠥᠰᠥ ᠶᠢᠨ ᠦᠨᠳᠦᠷ ᠪᠠ ᠦᠷ᠎ᠡ ᠶᠢᠨ ᠦᠨᠳᠦᠷ ᠢ ᠲᠣᠭᠲᠠᠭᠠᠵᠠᠢ :: ᠰᠢᠨᠵᠢᠯᠡᠯ ᠪᠣᠯᠪᠠᠯ᠂ ᠦᠷᠭᠦᠯᠵᠢ ᠪᠣᠯᠪᠠᠯ᠂ ᠦᠨᠳᠦᠷ ᠲᠡᠮᠳᠡᠭ ᠶᠢᠨ ᠦᠨᠳᠦᠰᠦᠯᠡᠯ ᠮᠡᠳᠡᠬᠦᠢ᠂ ᠮᠡᠳᠡᠬᠦᠢ ᠶᠢᠨ ᠲᠤᠰᠤᠯᠠᠮᠵᠢ ᠪᠡᠯᠡᠳᠭᠡᠯ ᠢ ᠪᠦᠲᠦᠭᠡᠭᠰᠡᠨ ᠪᠡᠷ （CCC） ᠭᠡᠳᠡᠭ᠂ ᠦᠷ᠎ᠡ ᠶᠢᠨ ᠰᠣᠩᠭᠣᠯᠲᠠ ᠶᠢᠨ ᠦᠨᠳᠦᠰᠦᠯᠡᠯ ᠢ ᠲᠣᠭᠲᠠᠭᠠᠵᠠᠢ :: ᠮᠥᠰᠥ ᠶᠢᠨ ᠪᠣᠯᠪᠠᠰᠤᠷᠠᠯ ᠮᠥᠩᠭᠥᠨ ᠪᠡᠷ ᠲᠡᠭᠡᠨ ᠪᠣᠯᠤᠭᠰᠠᠨ ᠦᠷ᠎ᠡ ᠳᠦ [illegible]

（八）种子收获后的田间管理

1. 残茬清理

牧草种子收获后及时清除茎秆和残茬，对牧草的分蘖形成、牧草的再生、枝条感受低温春化、生殖枝的增加和来年种子产量的提高都具有重要作用。

2. 疏枝

多年生牧草随种植年限的增加，枝条密度增加，盖度增大，导致枝条间对营养物质的竞争加剧，进而影响牧草种子产量的提高。牧草种子收获后疏枝可增加来年或以后几年的种子产量。

种子收获后不同残茬清理方法对下一年牧草种子产量的影响

清理方式	种子产量（kg/hm^2）					
	细羊茅	紫羊茅	多年生黑麦草	细弱翦股颖	草地早熟禾	鸭茅
不清理残茬	282	409	908	434	—	967
刈割留茬 7 cm，运走秸秆	362	747	1 035	402	1 119	1 178
种子收获后马上焚烧	1 035	1 243	1 278	596	1 303	1 263

注：引自 Chilcote 等，1980。

(ᠭᠤᠷᠪᠠ) ᠦᠷ᠎ᠡ ᠶᠢᠨ ᠦᠢᠯᠡᠳᠪᠦᠷᠢᠯᠡᠯ ᠦᠨ ᠲᠠᠷᠢᠶᠠᠯᠠᠩ ᠤᠨ ᠲᠠᠯᠠᠪᠠᠢ ᠳᠠᠬᠢ ᠬᠠᠮᠠᠭᠠᠯᠠᠯᠲᠠ

1. ᠲᠠᠷᠢᠯᠭᠠᠨ ᠦᠨᠳᠦᠰᠦᠨ ᠦ ᠨᠢᠭᠲᠠᠷᠠᠴᠠ

ᠮᠠᠯ ᠤᠨ ᠲᠡᠵᠢᠭᠡᠯ ᠦᠨ ᠦᠷ᠎ᠡ ᠶᠢᠨ ᠦᠢᠯᠡᠳᠪᠦᠷᠢᠯᠡᠯ ᠦᠨ ᠨᠢᠭᠲᠠᠷᠠᠴᠠ ᠨᠢ ᠦᠷ᠎ᠡ ᠶᠢᠨ ᠭᠠᠷᠤᠴᠠ ᠳᠤ ᠨᠥᠯᠥᠭᠡᠯᠡᠨ᠎ᠡ ᠃ ᠮᠠᠯ ᠤᠨ ᠲᠡᠵᠢᠭᠡᠯ ᠦᠨ ᠦᠷ᠎ᠡ ᠶᠢᠨ ᠰᠠᠯᠠᠭᠠ ᠨᠢ ᠠᠷᠪᠢᠨ ᠪᠣᠯᠤᠭᠰᠠᠨ ᠪᠡᠷ ᠦᠷ᠎ᠡ ᠶᠢᠨ ᠭᠠᠷᠤᠴᠠ ᠶᠢ ᠳᠡᠭᠡᠭᠰᠢᠯᠡᠭᠦᠯᠦᠨ᠎ᠡ ᠃ ᠮᠠᠯ ᠤᠨ ᠲᠡᠵᠢᠭᠡᠯ ᠦᠨ ᠦᠷ᠎ᠡ ᠶᠢᠨ ᠦᠢᠯᠡᠳᠪᠦᠷᠢᠯᠡᠯ ᠲᠦ ᠨᠢᠭᠲᠠᠷᠠᠴᠠ ᠪᠠᠭ᠎ᠠ ᠪᠣᠯᠬᠤ ᠳᠤ ᠲᠣᠬᠢᠷᠠᠮᠵᠢᠲᠠᠢ ᠪᠠᠶᠢᠳᠠᠯ ᠦᠭᠡᠢ ᠃

2. ᠬᠤᠪᠢᠶᠠᠷᠢᠯᠠᠭᠰᠠᠨ ᠪᠣᠳᠣᠯᠭ᠎ᠠ

ᠮᠠᠯ ᠤᠨ ᠲᠡᠵᠢᠭᠡᠯ ᠦᠨ ᠦᠷ᠎ᠡ ᠶᠢᠨ ᠭᠠᠷᠤᠴᠠ ᠶᠢ ᠨᠡᠮᠡᠭᠳᠡᠭᠦᠯᠬᠦ ᠶᠢᠨ ᠲᠥᠯᠥᠭᠡ ᠬᠤᠪᠢᠶᠠᠷᠢᠯᠠᠭᠰᠠᠨ ᠪᠣᠳᠣᠯᠭ᠎ᠠ ᠬᠡᠷᠡᠭᠯᠡᠬᠦ ᠴᠢᠬᠤᠯᠠ ᠃ ᠮᠠᠯ ᠤᠨ ᠲᠡᠵᠢᠭᠡᠯ ᠦᠨ ᠦᠷ᠎ᠡ ᠶᠢᠨ ᠭᠠᠷᠤᠴᠠ ᠶᠢ ᠨᠡᠮᠡᠭᠳᠡᠭᠦᠯᠬᠦ ᠶᠢᠨ ᠲᠥᠯᠥᠭᠡ ᠃ ᠮᠠᠯ ᠤᠨ ᠲᠡᠵᠢᠭᠡᠯ ᠦᠨ ᠦᠷ᠎ᠡ ᠶᠢᠨ ᠦᠢᠯᠡᠳᠪᠦᠷᠢᠯᠡᠯ ᠳᠦ ᠠᠰᠢᠭᠯᠠᠬᠤ ᠪᠣᠯᠤᠨ᠎ᠠ ᠃

ᠦᠷ᠎ᠡ ᠶᠢᠨ ᠦᠢᠯᠡᠳᠪᠦᠷᠢᠯᠡᠯ ᠦᠨ ᠲᠠᠷᠢᠶᠠᠯᠠᠩ ᠳᠤ ᠲᠠᠷᠢᠯᠭᠠᠨ ᠤ ᠮᠥᠷ ᠦᠨ ᠵᠠᠢ ᠶᠢ ᠥᠭᠡᠷᠡᠴᠢᠯᠡᠭᠰᠡᠨ ᠦ ᠳᠠᠷᠠᠭᠠᠬᠢ ᠮᠠᠯ ᠤᠨ ᠲᠡᠵᠢᠭᠡᠯ ᠦᠨ ᠦᠷ᠎ᠡ ᠶᠢᠨ ᠭᠠᠷᠤᠴᠠ ᠶᠢᠨ ᠬᠠᠷᠢᠴᠠᠭᠤᠯᠤᠯᠲᠠ

ᠮᠠᠯ ᠤᠨ ᠲᠡᠵᠢᠭᠡᠯ ᠦᠨ ᠦᠷ᠎ᠡ ᠶᠢᠨ ᠭᠠᠷᠤᠴᠠ (kg/hm²)						
ᠲᠤᠷᠰᠢᠯᠲᠠ ᠶᠢᠨ ᠬᠡᠯᠪᠡᠷᠢ	(ᠤᠯᠠᠭᠠᠨ ᠣᠷᠬᠤᠳᠠᠢ) cummutata Festuca rubra spp.	ᠮᠠᠯ ᠤᠨ ᠣᠷᠬᠤᠳᠠᠢ	ᠤᠯᠠᠭᠠᠨ ᠬᠣᠮᠤᠬᠠᠢ ᠪᠠᠭ᠎ᠠ ᠰᠠᠯᠠᠭ᠎ᠠ ᠲᠠᠢ	ᠪᠣᠯᠤᠭᠠᠯ ᠰᠢᠪᠠᠭᠤᠨ ᠮᠠᠯ ᠤᠨ	ᠬᠣᠮᠤᠬᠠᠢ ᠵᠢᠭᠦᠯᠡᠨ ᠨᠠᠭᠤ ᠶᠢᠨ	ᠮᠠᠯ ᠤᠨ ᠪᠤᠳᠠᠭ᠎ᠠ
ᠲᠠᠷᠢᠯᠭ᠎ᠠ ᠶᠢᠨ ᠮᠥᠷ ᠦᠨ ᠵᠠᠢ ᠪᠠ ᠲᠣᠭ᠎ᠠ ᠬᠡᠮᠵᠢᠶ᠎ᠡ	282	409	908	434	–	967
7cm ᠦᠨ ᠮᠥᠷ ᠦᠨ ᠵᠠᠢ ᠂ ᠨᠢᠭᠡ ᠮᠥᠷ ᠳᠦ ᠲᠠᠷᠢᠬᠤ	362	747	1 035	402	1 119	1 178
ᠦᠷ᠎ᠡ ᠶᠢᠨ ᠦᠢᠯᠡᠳᠪᠦᠷᠢᠯᠡᠯ ᠦᠨ ᠡᠩ ᠦᠨ ᠬᠡᠮᠵᠢᠶ᠎ᠡ	1 035	1 243	1 278	596	1 303	1 263

ᠡᠬᠢ ᠰᠤᠷᠪᠤᠯᠵᠢ : Chilcote ᠨᠠᠷ ᠤᠨ ᠪᠢᠴᠢᠭ᠌ ᠂ 1980

四、牧草种子的发育与成熟

（一）牧草的花芽分化

1. 禾本科牧草的花序分化

禾本科花序的形成一般称为幼穗分化。茎尖生长锥生长，生长锥表层或几层细胞分裂。结果：生长锥表层出现皱褶，原形成叶原基的地方形成花序原基。

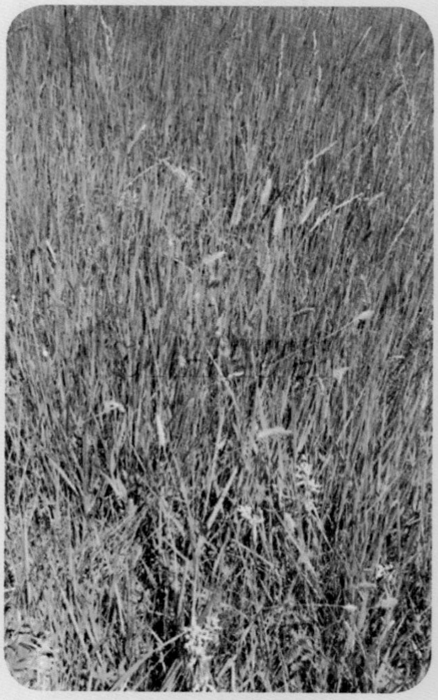

冰草的幼穗分化：分化开始时，茎尖生长锥从半球形扩大成圆锥体，然后逐渐在这个锥体的下部出现环状包叶原基，接着从幼穗下部向顶部在苞叶原基的叶腋处分化出小穗原基，在小穗原基分化形成后，又在小穗轴的两侧由下向上进行小花分化。通常小穗中部或下部的小花已分化完毕，上部的仍继续分化。

小花分化中，先在基部形成外稃原基→外稃内侧出现3个雄蕊原基凸起，在雄蕊原基发育过程中出现了内稃的分化→接着在小花原基的顶端出现雌蕊原基的分化→最后出现浆片原基。

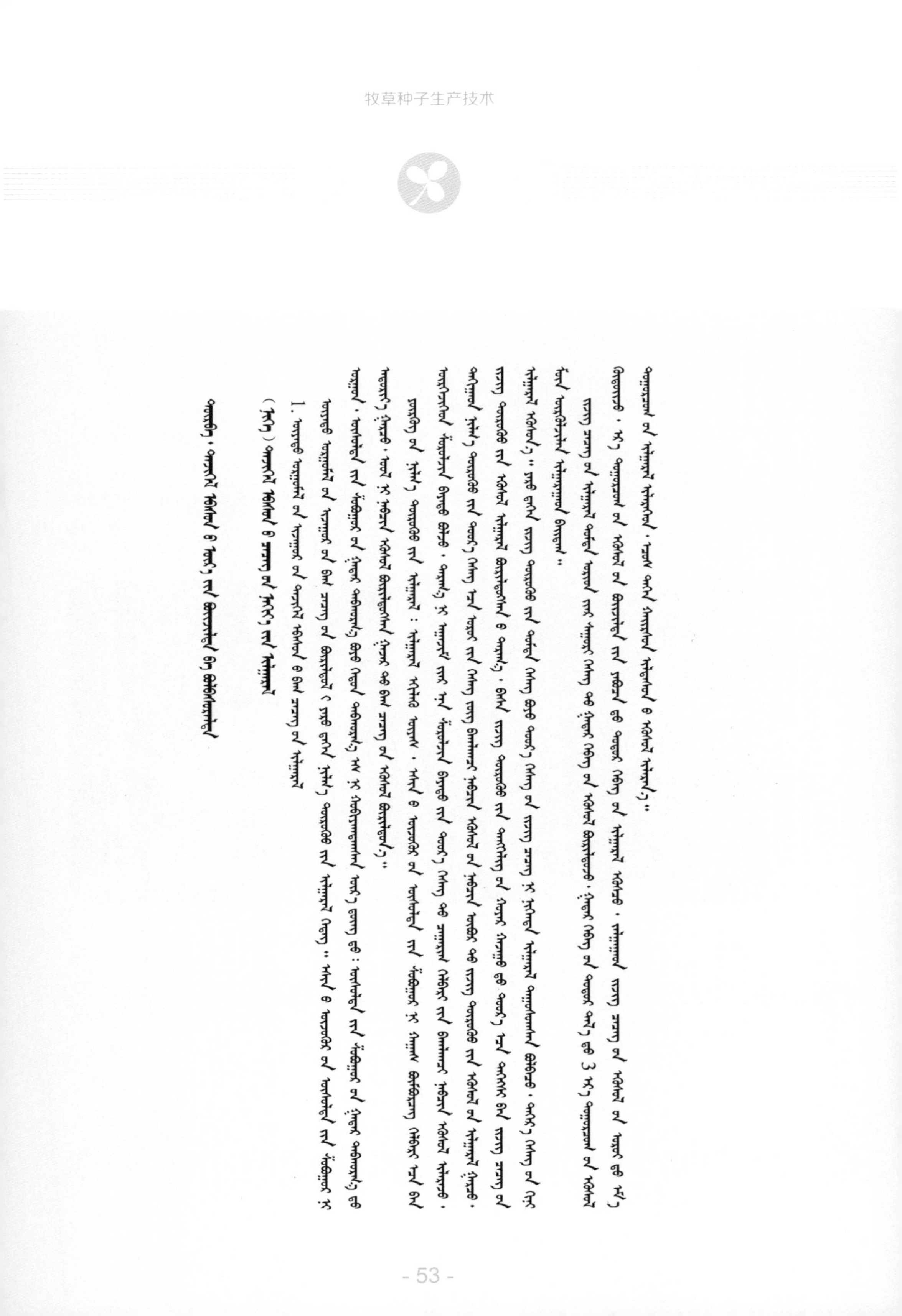

2. 豆科牧草的花序分化

豆科牧草在营养生长阶段，第一和第二叶原基的叶腋处不会出现腋芽原基；从营养生长到生殖生长阶段，第一叶原基的叶腋处出现类似于腋芽原基的凸起。这第一叶原基叶腋处的凸起实质是花序原基→发育成花序。

白三叶的花序分化：匍匐茎从营养生长到生殖生长，从茎尖端数第一叶原基的叶腋处花序原基凸起。

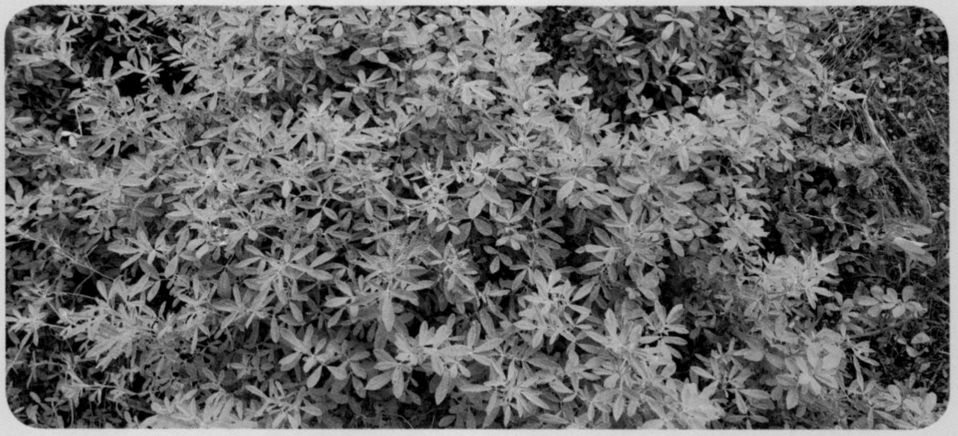

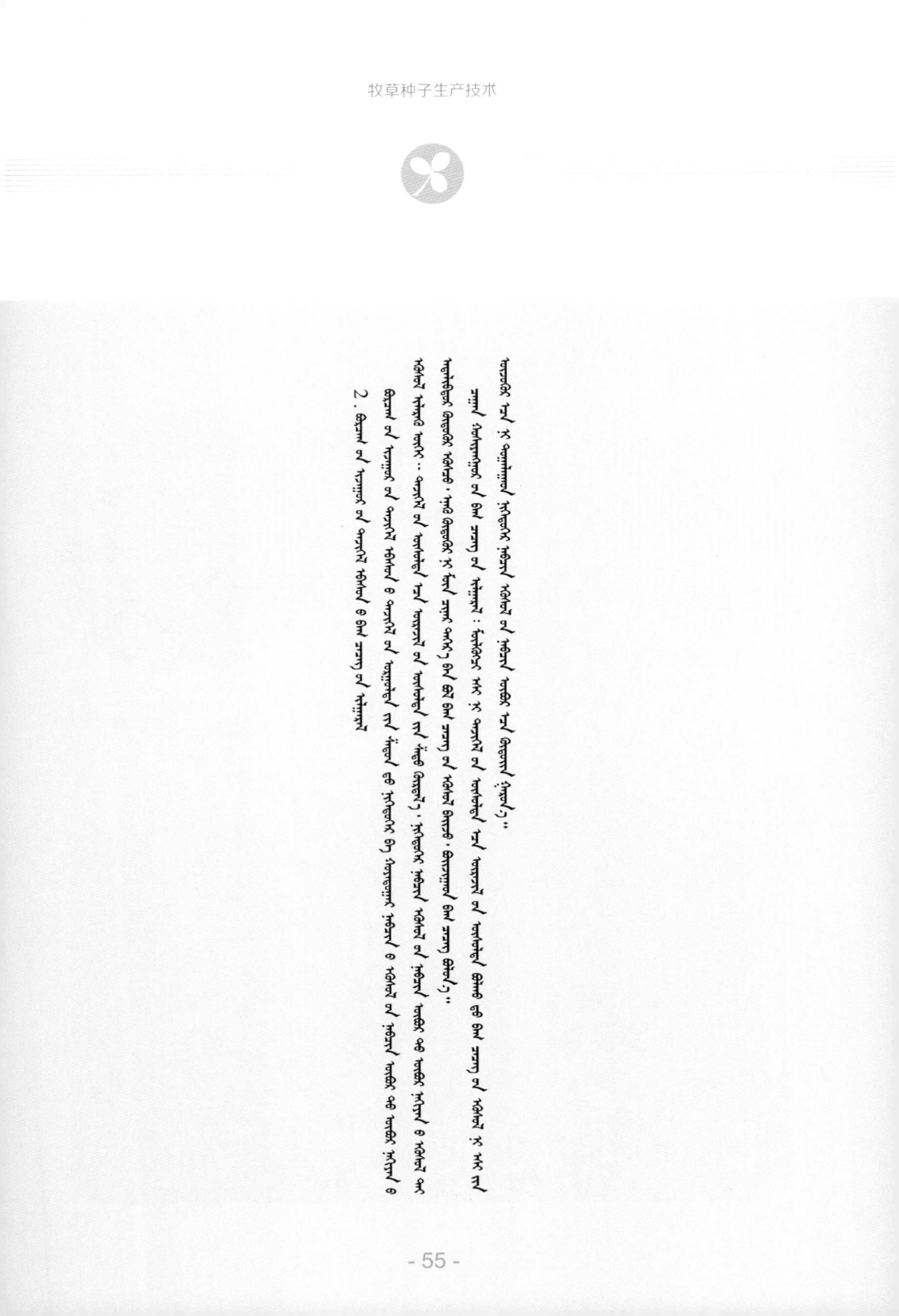

[illegible]

[illegible]

2. [illegible]

（二）牧草开花、传粉与受精

1. 开花

在牧草的花芽分化中，雄蕊的花药发育成熟或雌蕊的胚囊发育成熟后，包被雌雄蕊的花器官展开，使雌蕊或雄蕊（或两者同时）暴露出来称为开花。

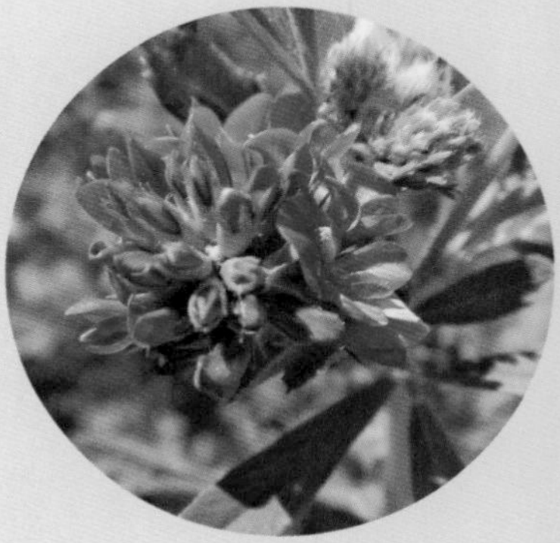

（1）开花期：一株牧草，从第一朵花开放到最后一朵花开毕所用的时间称为开花期。禾本科牧草开花期5～15天，豆科可持续1～2月。

（2）每日开花时间：牧草开花具有昼夜周期性。

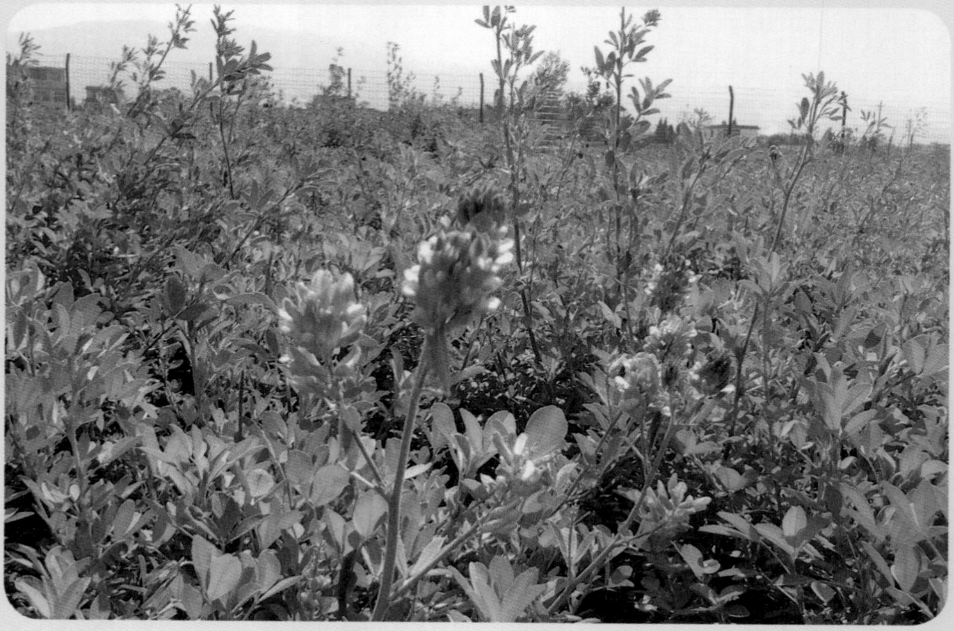

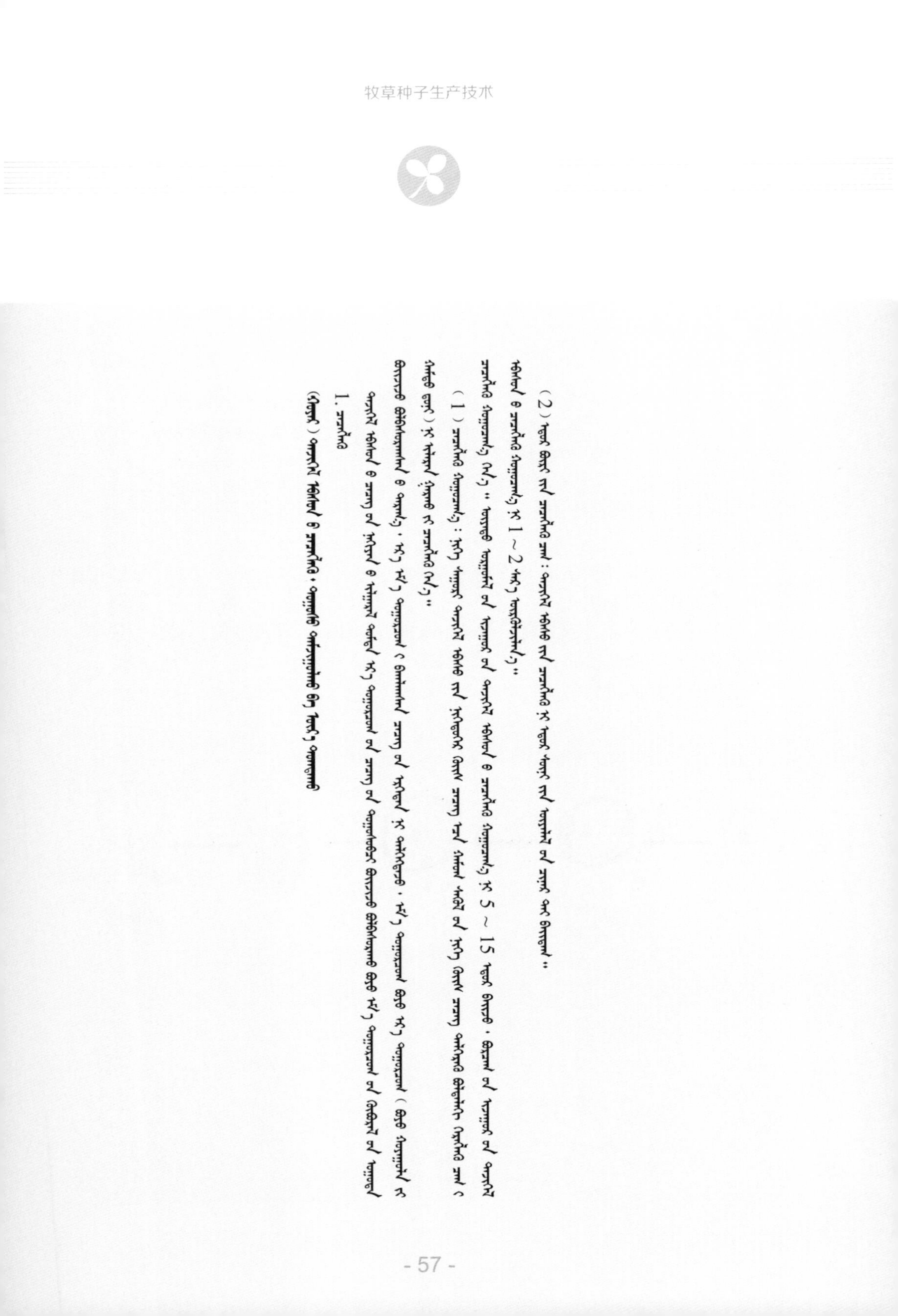

2. 传粉

成熟的花粉粒借助外力从雄蕊开裂的花药传到雌蕊的柱头上即为传粉。

（1）自花传粉：成熟的花粉粒传到同一朵花的柱头上。最典型的自花传粉为闭花受精，花蕾开放前已完成了传粉与受精作用。

（2）异花传粉：成熟的花粉粒传到不同株花的柱头上或同一株花不同花朵柱头上。

3. 受精

到达柱头的花粉粒借助于花粉管将精细胞送入胚囊中使精子和卵子结合形成合子，即完成受精作用。

（1）花粉粒的萌发：只有同种或亲缘很近的花粉粒才能萌发，亲缘较远的异种花粉粒往往不能萌发。

（2）花粉管的生长。

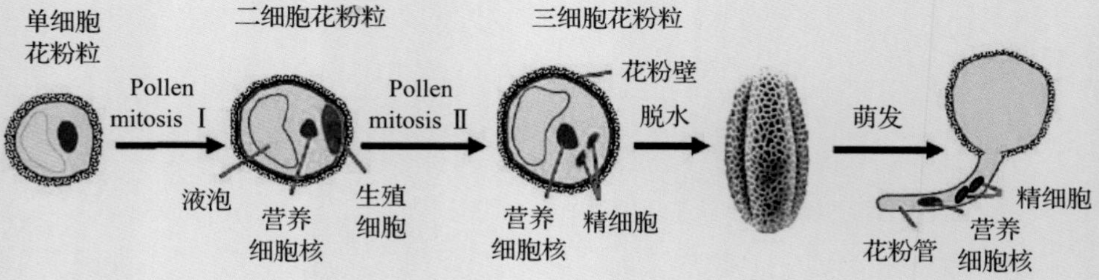

花粉的发育

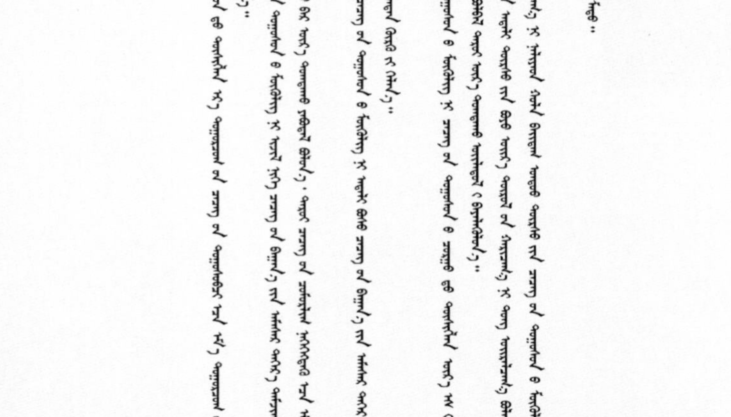
Pollen
mitosis I
Pollen
mitosis II

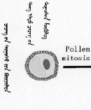

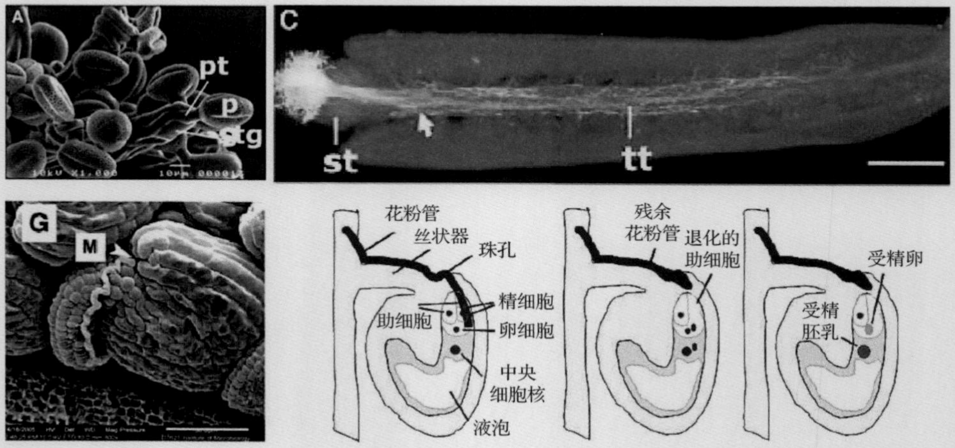

花粉管的生长

（3）双受精的过程：如下所示。

双受精
- 精核＋卵细胞→受精卵→胚
- 精核＋中央细胞→初生胚乳核→胚乳

ᠬᠣᠣᠰ ᠤᠷᠤᠭᠵᠢᠯ ᠤᠨ ᠪᠣᠯᠤᠯᠴᠠᠭ᠎ᠠ
- ᠤᠷᠤᠭ ᠤᠨ ᠡᠰ + ᠥᠨᠳᠡᠭᠡ ᠡᠰ → ᠤᠷᠤᠭᠵᠢᠭᠰᠠᠨ ᠥᠨᠳᠡᠭᠡ ᠡᠰ → ᠬᠥᠪᠡᠷᠡᠯ
- ᠤᠷᠤᠭ ᠤᠨ ᠡᠰ + ᠲᠣᠶᠢᠭ ᠤᠨ ᠴᠥᠮ → ᠤᠷᠤᠭᠵᠢᠭᠰᠠᠨ ᠲᠣᠶᠢᠭ ᠤᠨ ᠴᠥᠮ → ᠬᠥᠪᠡᠷᠡᠯ

(3) ᠬᠣᠣᠰ ᠤᠷᠤᠭᠵᠢᠯ ᠤᠨ ᠪᠣᠯᠤᠯᠴᠠᠭ᠎ᠠ ᠶᠢᠨ ᠠᠴᠠ ᠬᠤᠯᠠ᠄ ᠪᠣᠯᠤᠨ᠎ᠠ ᠃

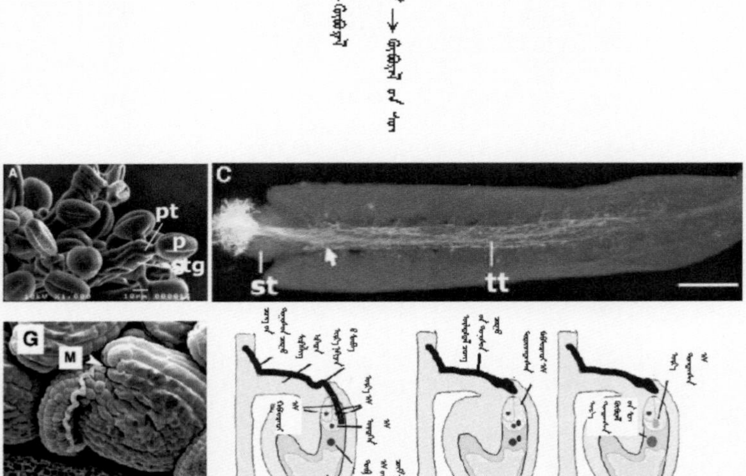

ᠬᠣᠣᠰ ᠤᠷᠤᠭᠵᠢᠯ ᠤᠨ ᠪᠣᠯᠤᠯᠴᠠᠭ᠎ᠠ

（三）牧草种子的发育过程

1. 胚的发育

完整的种胚由子叶、胚芽、胚轴和胚根组成。

胚的发育：合子→原胚→胚→成熟。

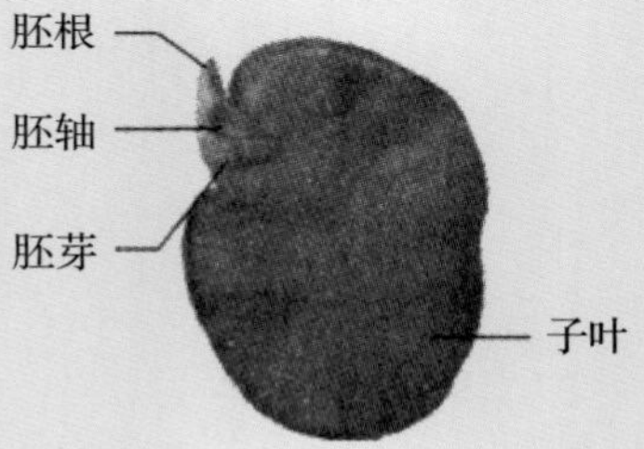

2. 胚乳的发育

初生胚乳核形成胚乳的方式有核型胚乳、细胞型胚乳。

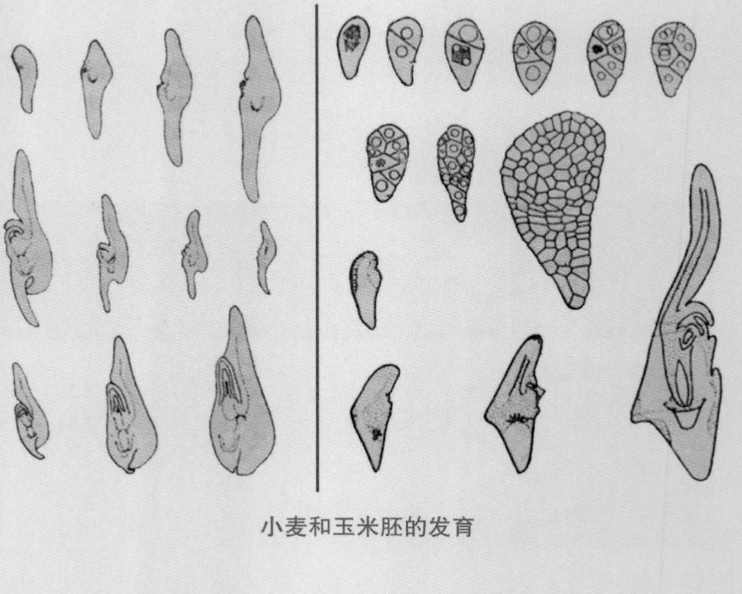

小麦和玉米胚的发育

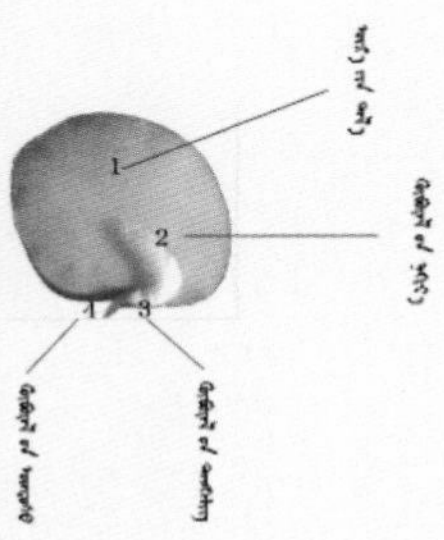

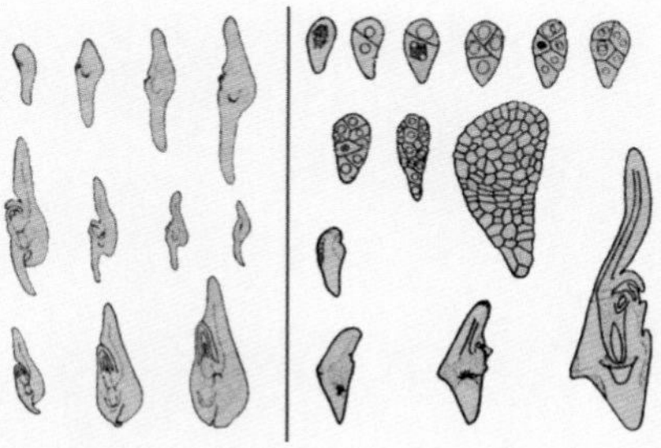

（1）核型胚乳(nuclear endosperm)：主要特征是初生胚乳核的第一次分裂和以后的多次分裂都不伴随着细胞壁的形成，故胚乳细胞核呈游离状态。胚乳发育到一定阶段，胚乳细胞核才被新形成的细胞壁所分割而形成胚乳细胞。这种核型胚乳形成的方式，在单子叶植物和双子叶离瓣花植物(如水稻、小麦、玉米等)中普遍存在，是被子植物中最普通的胚乳发育形式。

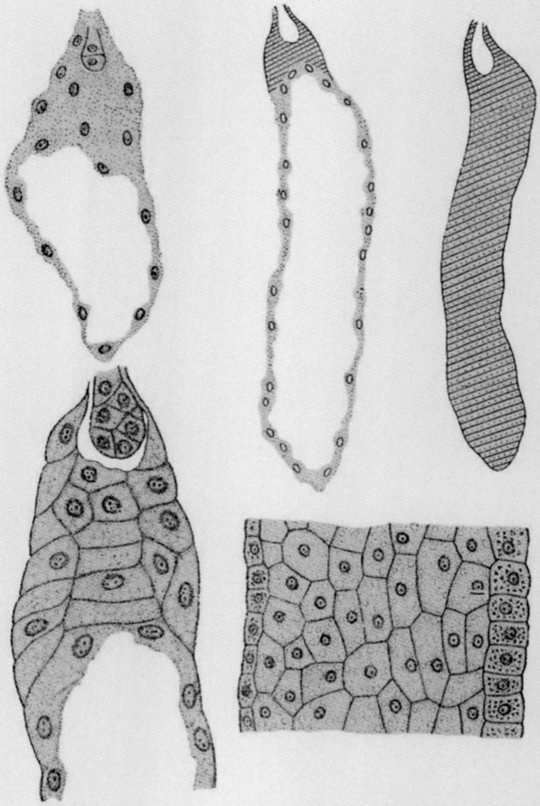

核型胚乳

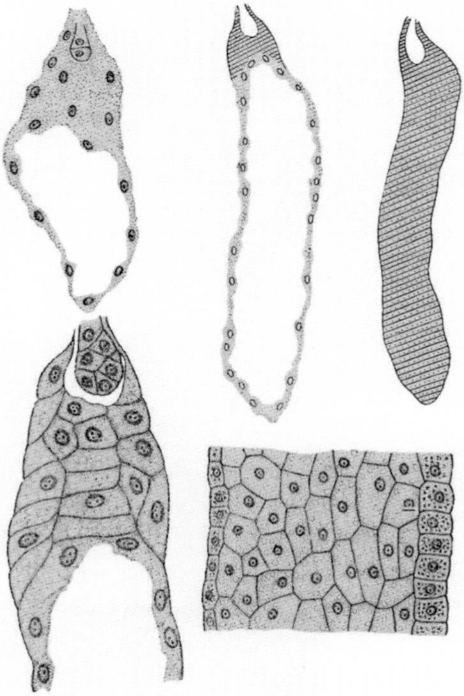

(1) ᠴᠥᠮᠲᠦ ᠦᠷᠦᠭᠡᠨ ᠦ ᠰᠦ (nuclear endosperm) : ᠡᠨᠡ ᠬᠡᠯᠪᠡᠷᠢ ᠶᠢᠨ ᠦᠷᠦᠭᠡᠨ ᠦ ᠰᠦ ᠶᠢᠨ ᠪᠦᠲᠦᠴᠡ ᠶᠢᠨ ᠬᠥᠭᠵᠢᠯ ᠦᠨ ᠡᠬᠢᠨ ᠦ ᠦᠶ᠎ᠡ ᠳᠦ ᠦᠷᠦᠭᠡᠨ ᠦ ᠰᠦ ᠶᠢᠨ ᠪᠦᠲᠦᠴᠡ ᠶᠢᠨ ᠴᠥᠮ ᠦᠨ ᠬᠤᠪᠢᠶᠠᠷᠢ ᠬᠤᠪᠢᠶᠠᠷᠠᠯ ᠤᠨ ᠬᠥᠭᠵᠢᠯ

（2）细胞型胚乳(cellular endosperm)：其特点是在初生胚乳核分裂后，随即产生细胞壁，形成胚乳细胞。因此，无游离核时期。大多数双子叶合瓣花植物，如番茄、烟草、芝麻等，其胚乳发育属于这种类型。细胞型胚乳发育过程中，有时可产生吸器，吸器的结构因植物而异。

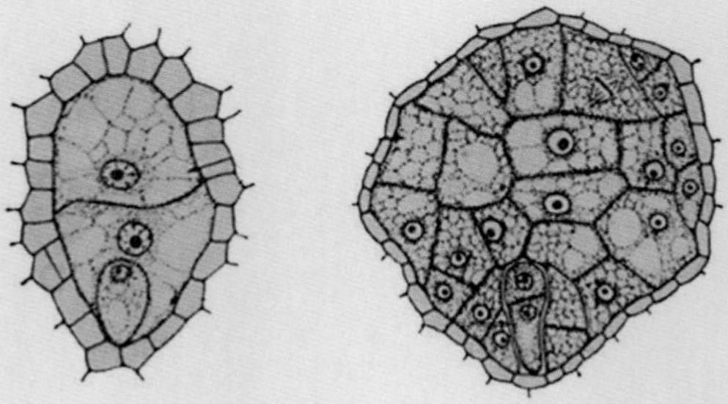

细胞型胚乳

3. 种皮的发育

由珠被发育而成，保护胚和胚乳。珠被→种皮；一层珠被→一层种皮；两层珠被→两层种皮：外种皮和内种皮。

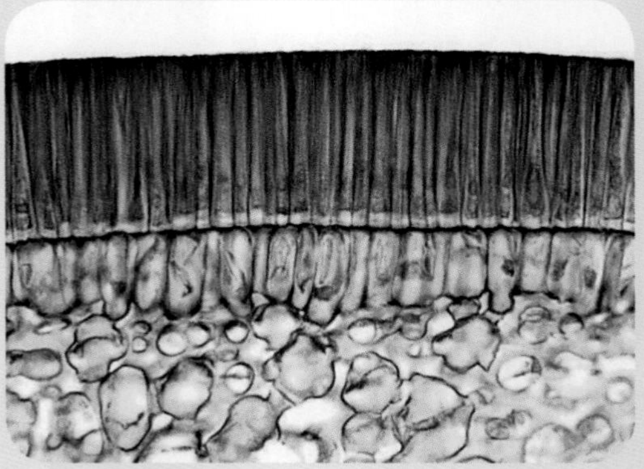

豆的种皮

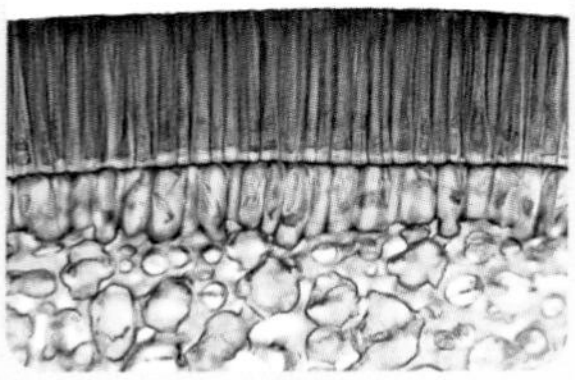

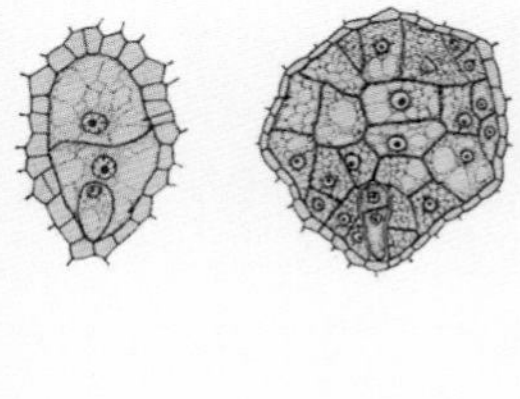

(2) ᠰᠣᠷ ᠤᠨ ᠬᠡᠯᠪᠡᠷᠢᠲᠦ ᠡᠰᠡ ᠶᠢᠨ ᠬᠣᠭᠤᠯ (cellular endosperm) : ᠬᠤᠪᠢ ᠶᠢᠨ ᠬᠤᠪᠢᠶᠠᠷᠢ ᠶᠢ ᠡᠰᠡ ᠶᠢᠨ ᠬᠣᠭᠤᠯ ᠤᠨ ᠪᠦᠲᠦᠴᠡ ᠶᠢᠨ ᠪᠦᠷᠢᠯᠳᠦᠬᠦᠨ ᠦ ᠬᠡᠯᠪᠡᠷᠢ ᠂

（四）牧草种子发育过程中的物质变化

1. 种子的外形变化

（1）种子的大小变化：体积由小变大，增加几倍到几十倍。

（2）长、宽、厚的变化：长→宽→厚。

（3）颜色的变化：白色或浅绿色→绿色→成熟时变为固有色泽。

2. 物质的转化与积累

（1）营养物质的来源与转运：营养物质绝大部分来自母体，以溶解状态进入果皮，在果皮中做短暂停留后进入种子内部，转化成不溶的大分子物质。禾本科牧草的营养物质来自抽穗、开花期的光合作用，少部分从衰老的茎、叶转化而来。多余的营养物质贮存在茎、叶鞘、分蘖节中，抽穗、开花期蓄积在这些营养体内的物质达到高峰。开花之后，部分营养物质运送到发育的种子中，占种子最终干重的15% ～ 26%。

加强种子的田间管理，良好的光照，充分的水分、养分可以提高营养物质的积累。

（2）营养物质的合成和转化：一般规律如下。

糖类：极少部分以蔗糖的形式存在，大部分合成淀粉（先形成直链淀粉，再形成支链淀粉）。

脂肪：$(CH_2O)n \rightarrow FA+$甘油。

（3）种子成熟期间所发生的生理生化过程：具体如下。

糖类：占干重的60% ～ 80%，在成熟过程中，可溶性糖先上升，随成熟度增加，可溶性糖含量下降，不溶性糖上升。

脂肪：在种子成熟初期，含有大量游离脂肪酸，随着种子的成熟，脂肪酸（酸价变化）。在发育初期，主要形成饱和脂肪酸，随种子的成熟，不饱和脂肪酸（碘价变化）。

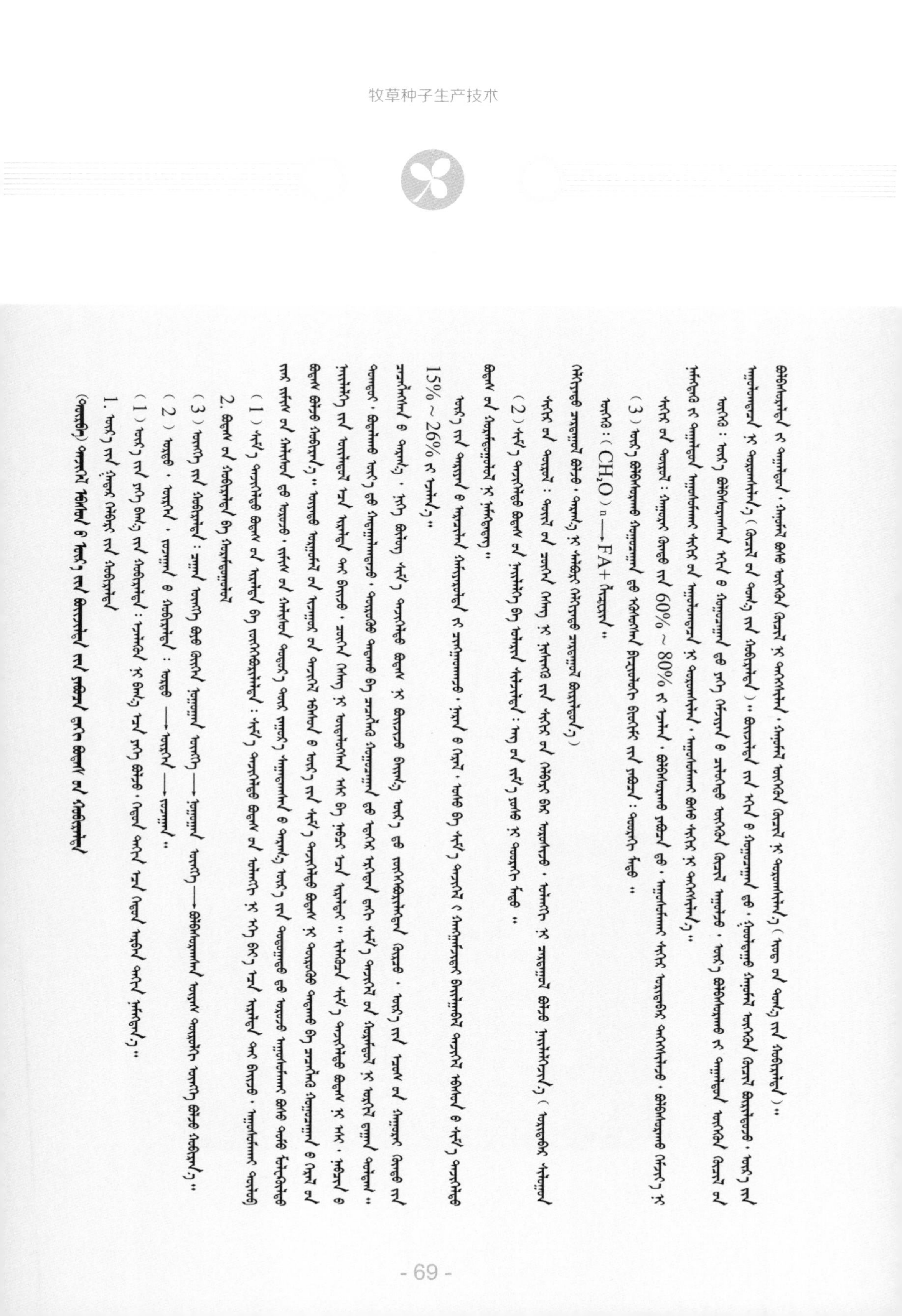

([illegible]) [illegible]

1. [illegible]

(1) [illegible]

(2) [illegible] : [illegible] —→ [illegible] —→ [illegible]

(3) [illegible] : [illegible] —→ [illegible] —→ [illegible]

2. [illegible]

(1) [illegible]

[illegible] $15\% \sim 26\%$ [illegible]

(2) [illegible]

[illegible]

[illegible] : $(CH_2O)_n \longrightarrow FA +$ [illegible]

(3) [illegible]

[illegible] $60\% \sim 80\%$ [illegible]

[illegible]

（五）种子的成熟

1. 种子成熟的阶段

种子成熟（seed maturity），指卵细胞受精以后种子发育过程的终结。外观上呈现成熟特征时称为形态成熟，果实的含水量下降时称为生理成熟。

种子成熟 { 生理上 / 形态上 } →种子成熟，两者缺一不可

完全成熟的种子应具备的特点如下。

（1）母体向种子运输养料已停止，干重不再增加。

（2）种子含水量降到一定指标，硬度增高。

（3）种皮呈现该品种固有的色泽。

（4）种子具有较高的发芽率和活力。

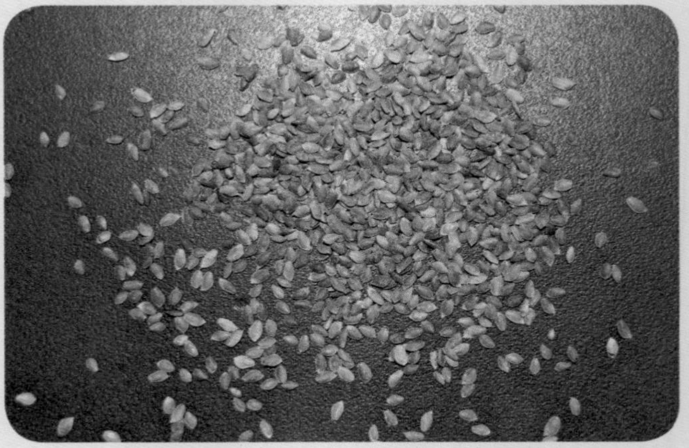

(ᠨᠢᠭᠡ) ᠦᠷ᠎ᠡ ᠶᠢᠨ ᠪᠣᠯᠪᠠᠰᠤᠷᠠᠯᠲᠠ

1. ᠦᠷ᠎ᠡ ᠪᠣᠯᠪᠠᠰᠤᠷᠠᠬᠤ ᠦᠶ᠎ᠡ

ᠦᠷ᠎ᠡ ᠪᠣᠯᠪᠠᠰᠤᠷᠠᠬᠤ (seed mathurity) ᠭᠡᠳᠡᠭ ᠨᠢ [illegible] ᠦᠷ᠎ᠡ ᠶᠢᠨ [illegible] ᠦᠷ᠎ᠡ ᠶᠢᠨ [illegible] ᠪᠣᠯᠤᠨ᠎ᠠ ::

[illegible] ᠦᠷ᠎ᠡ ᠶᠢᠨ ᠪᠣᠯᠪᠠᠰᠤᠷᠠᠯᠲᠠ [illegible] ᠶᠢᠨ ᠪᠣᠯᠪᠠᠰᠤᠷᠠᠯᠲᠠ ᠭᠡᠨ᠎ᠡ ::

ᠦᠷ᠎ᠡ ᠶᠢᠨ ᠪᠣᠯᠪᠠᠰᠤᠷᠠᠯᠲᠠ ᠳᠤ [illegible] ᠦᠷ᠎ᠡ ᠶᠢᠨ ᠪᠣᠯᠪᠠᠰᠤᠷᠠᠯᠲᠠ ᠶᠢᠨ [illegible] ᠪᠠᠶᠢᠳᠠᠯ ᠪᠣᠯᠪᠠᠰᠤᠷᠠᠯᠲᠠ ᠦᠷ᠎ᠡ ᠶᠢᠨ [illegible] ᠬᠡᠮᠡᠨ :

(1) [illegible] ᠦᠷ᠎ᠡ [illegible] ᠪᠣᠯᠤᠨ᠎ᠠ ::

(2) ᠦᠷ᠎ᠡ ᠶᠢᠨ [illegible] ᠪᠣᠯᠤᠨ᠎ᠠ ::

(3) ᠦᠷ᠎ᠡ ᠶᠢᠨ [illegible] ᠪᠣᠯᠤᠨ᠎ᠠ ::

(4) ᠦᠷ᠎ᠡ [illegible] ::

2. 种子成熟阶段的划分

种子成熟期指种子植物从开花、传粉、受精到完全成熟所需要的时间。

（1）禾本科牧草的成熟阶段分为乳熟期、蜡熟期、完熟期、枯黄期。

乳熟期：茎秆下部叶子开始变为黄色，大部分叶子还是绿色，颖果为绿色，内外稃呈绿色，内含物呈白色乳汁状，种子的体积最大，含水量最高，胚已形成。

蜡熟期：大部分叶子变黄，节间保持绿色，内外稃开始退绿色，颖果呈现固有色泽，内含物呈蜡状，用指甲压时易碎。

完熟期：茎秆全部呈黄色，内外稃呈黄色。内含物呈粉质状，特别硬，用指甲压时不易碎，此时是人工收获的最佳时期。

枯黄期：茎秆呈灰色，种子易掉落。

（2）豆科牧草成熟阶段分为绿熟期、黄熟期、完熟期、枯黄期。

绿熟期：荚果绿色，种皮绿色，含水量高。

黄熟期：分前期和后期。前期：下部叶片开始为黄色，荚果为绿色，种皮绿色，用指甲压易碎。后期：中部、下部叶片开始变为黄色，荚果失去绿色，种皮呈现固有色泽。种子干硬，用指甲压时易碎。

完熟期：大部分叶子已脱落，荚果呈现固有色泽。

枯黄期：叶片全部脱落，荚果脱落。

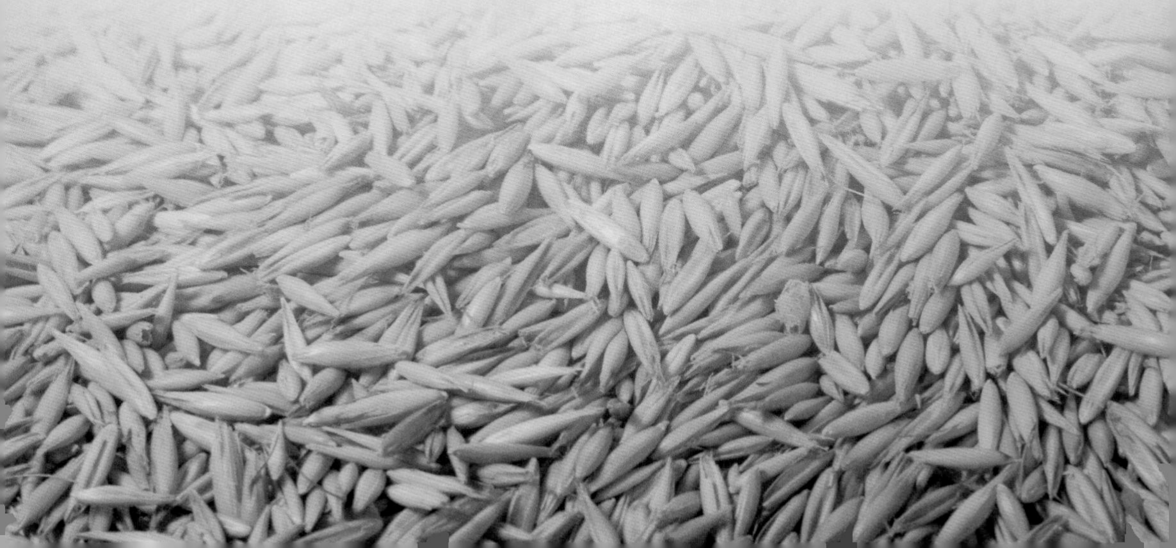

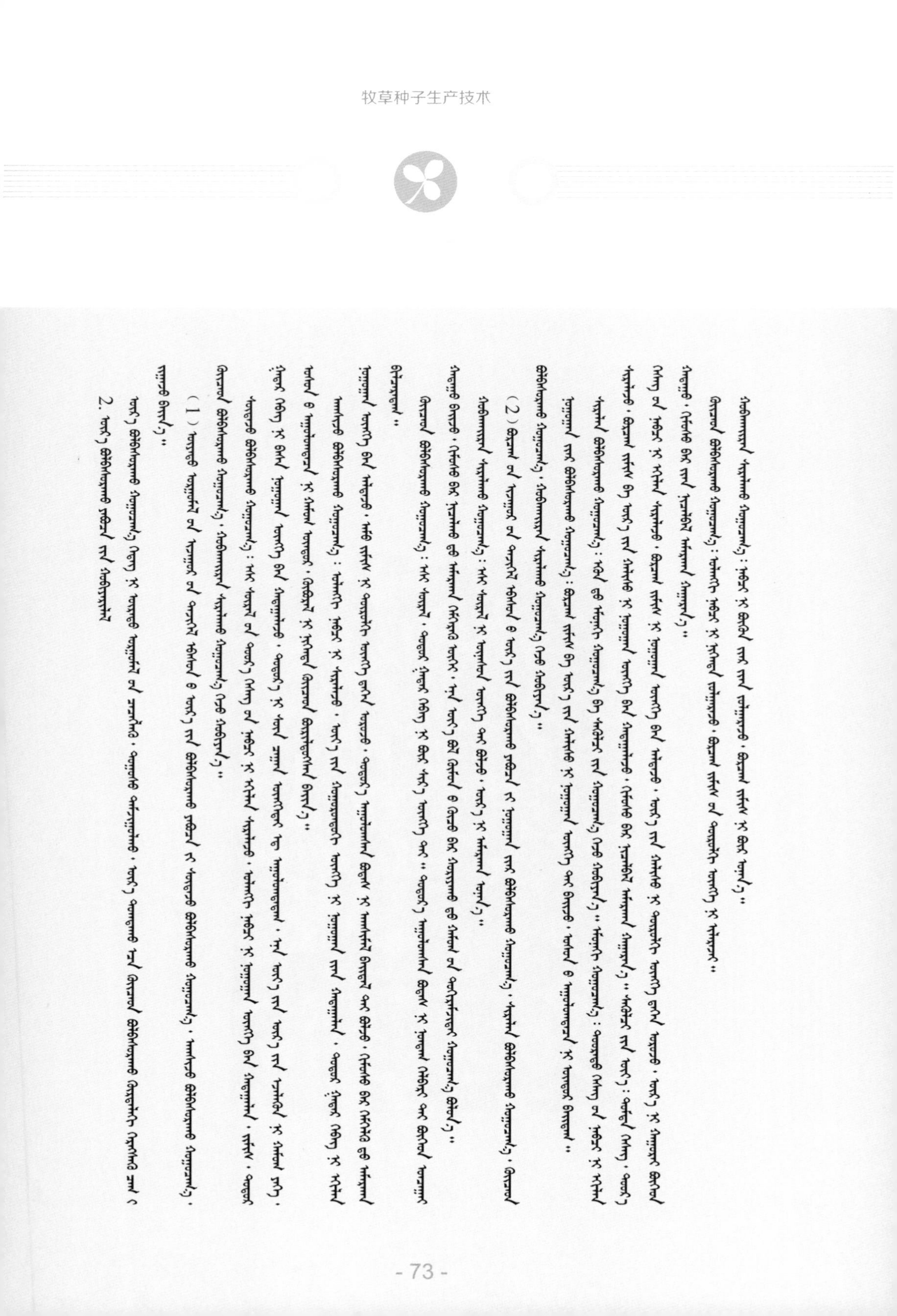

[illegible]

3. 环境条件对种子成熟的影响

（1）湿度：晴朗天气对种子内含物质合成有利；湿度过低，延长成熟期。

（2）温度：温度过高，引起种子加速老化，降低生理功能；温度过低，延迟成熟期，易形成瘪种子或不饱满种子。

（3）土壤：养分状况对种子成熟也有影响。

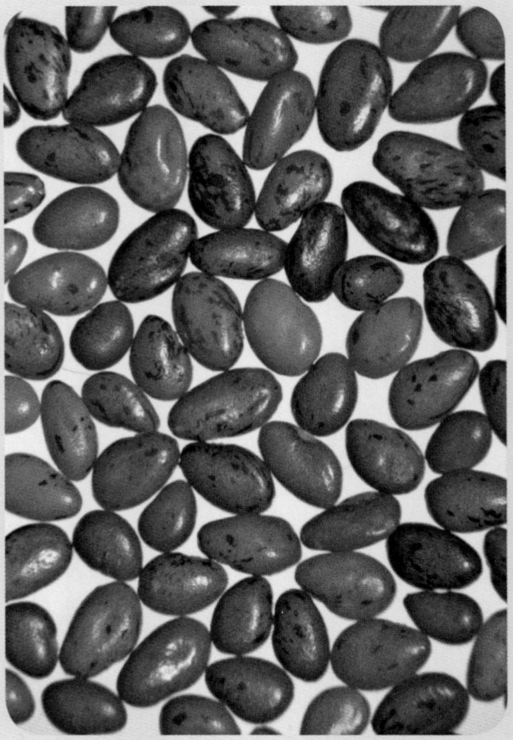

3. ᠲᠠᠷᠢᠮᠠᠯ ᠪᠡᠯᠴᠢᠭᠡᠷ ᠦ ᠨᠥᠬᠦᠴᠡᠯ ᠳᠦ ᠦᠷ᠎ᠡ ᠶᠢᠨ ᠦᠢᠯᠡᠳᠪᠦᠷᠢᠯᠡᠯ ᠳᠦ ᠨᠥᠯᠦᠭᠡᠯᠡᠬᠦ ᠬᠦᠴᠦᠨ

（1）ᠤᠰᠤᠯᠠᠯᠲ᠎ᠠ : [illegible] ᠦᠷ᠎ᠡ ᠶᠢᠨ [illegible] :: ᠤᠰᠤᠯᠠᠯᠲ᠎ᠠ ᠪᠣᠯ ᠦᠷ᠎ᠡ ᠶᠢᠨ ᠦᠢᠯᠡᠳᠪᠦᠷᠢᠯᠡᠬᠦ
[illegible] ::

（2）[illegible] : [illegible] ᠦᠷ᠎ᠡ ᠶᠢᠨ [illegible] ::
[illegible] ::

（3）[illegible] : [illegible] ᠦᠷ᠎ᠡ ᠶᠢᠨ ᠦᠢᠯᠡᠳᠪᠦᠷᠢᠯᠡᠯ [illegible] ::

五、牧草种子的收获

牧草种子的收获在种子生产中是一项时间性很强的工作，必须给予极大的重视，并事先做好一切准备及有关组织工作。适时收获可避免种子的损失，收获太早种子含水量高、量轻、活力低，收获太晚会造成种子的脱落损失。种子收获后的干燥及清选对于提高种子的质量，保证种子的种用价值、种子的安全贮藏具有重要的意义。

(一)收获时间

由于牧草开花期较长且各小花不是同时开花，造成种子成熟也很不一致，常常出现部分种子已经成熟而仍有一些小花刚刚开花。另外，很多牧草在种子成熟时容易落粒，收获不及时或收获方法不当会造成很大损失。多年生黑麦草、草地羊茅、多花黑麦草、鸭茅等牧草种子成熟时，因落粒可损失种子100 ～ 290 kg/hm^2。因此，为了防止落粒和减少损失，必须及时收获。牧草种子生产中，种子收获最适时间常常难以确定，具体需要考虑两个问题：一是获得品质优良的种子；二是尽可能地减少因收获不当造成的损失。

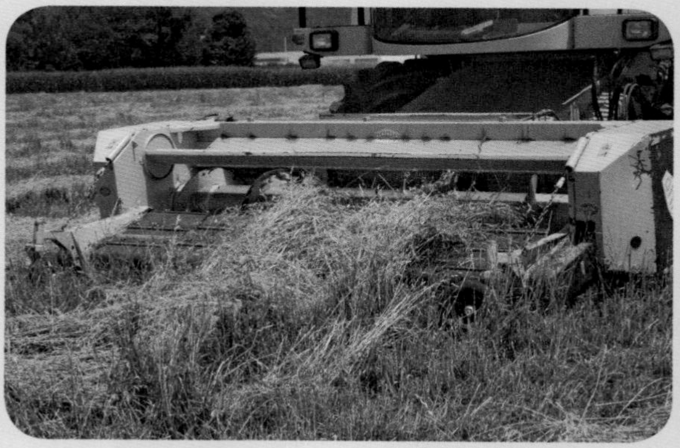

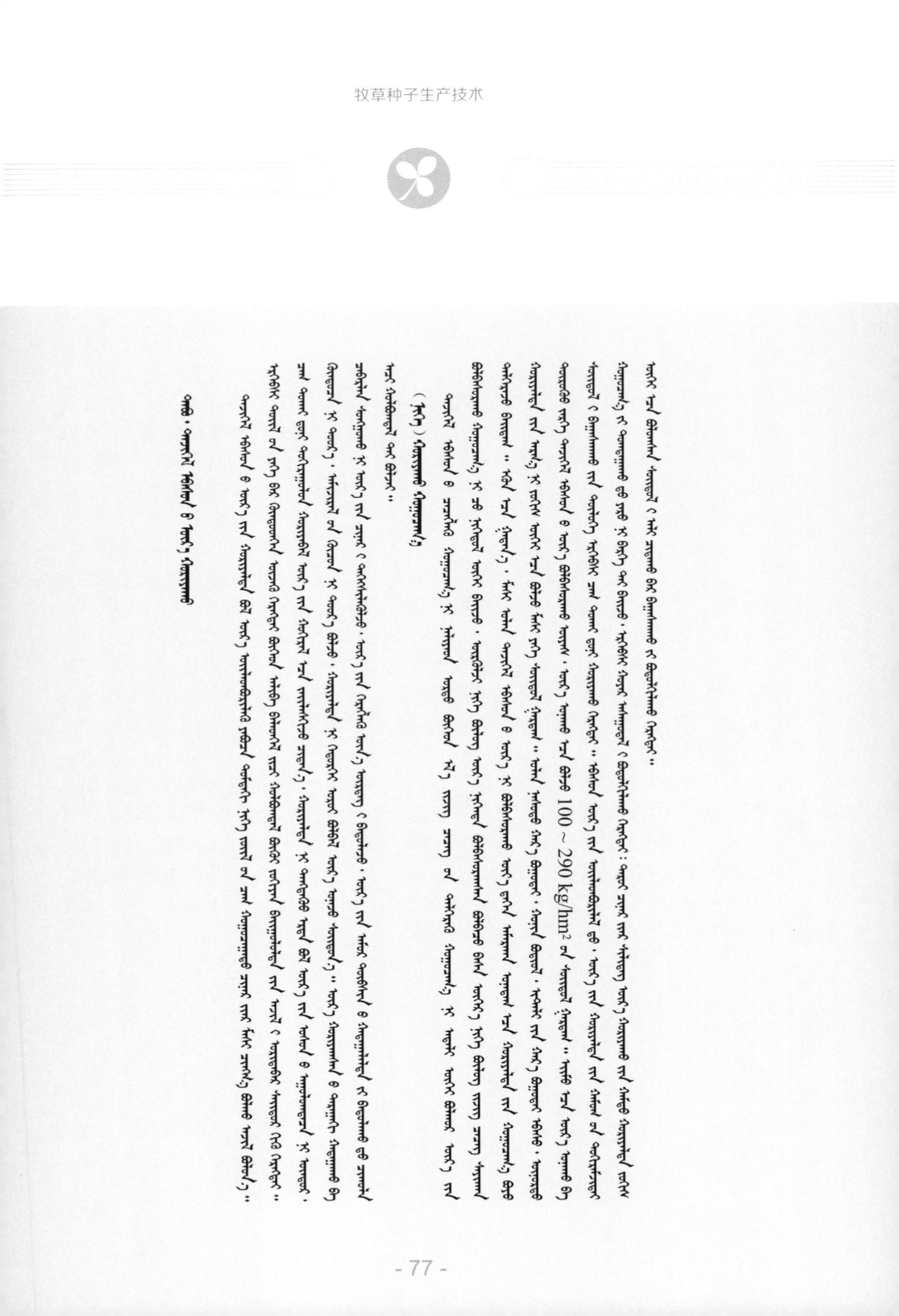

ᠬᠤᠷᠢᠶᠠᠬᠤ ᠶᠢᠨ ᠡᠮᠦᠨ᠎ᠡ ᠥᠪᠡᠰᠦᠨ ᠦ ᠦᠷ᠎ᠡ ᠪᠣᠯᠪᠠᠰᠤᠷᠠᠬᠤ ᠬᠡᠷᠡᠭ ᠃ ᠤᠰᠤ ᠶᠢᠨ ᠬᠡᠮᠵᠢᠶ᠎ᠡ ᠨᠢ 100 ~ 290 kg/hm² ᠳᠤ ᠬᠦᠷᠦᠭᠰᠡᠨ ᠪᠠᠶᠢᠨ᠎ᠠ ᠃ ᠬᠠᠪᠤᠷ ᠤᠨ ᠤᠰᠤᠨ ᠪᠣᠯ

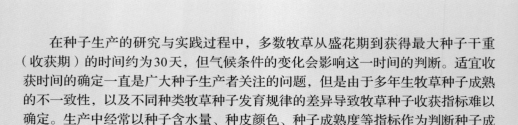

在种子生产的研究与实践过程中，多数牧草从盛花期到获得最大种子干重（收获期）的时间约为30天，但气候条件的变化会影响这一时间的判断。适宜收获时间的确定一直是广大种子生产者关注的问题，但是由于多年生牧草种子成熟的不一致性，以及不同种类牧草种子发育规律的差异导致牧草种子收获指标难以确定。生产中经常以种子含水量、种皮颜色、种子成熟度等指标作为判断种子成熟收获的依据。

1. 种子含水量

大量研究表明，种子的含水量与种子的成熟度有着密切关系。随着种子的发育成熟，种子的含水量呈规律性降低，是确定种子收获时间的可靠指标。种子含水量可作为指示收获的一个指标，对于大多数牧草，当种子含水量达35% ～ 45%时便可收获。多年生黑麦草种子的最适收获时期种子含水量为43%，种子含水量低于43%落粒损失增加。种子含水量的测定应在开花结束10天之后，每隔2天取一次样进行测定或用红外水分测定仪在田间直接测定。

2. 种子颜色变化

最明显的是种子成熟时种皮色素的变化，牧草大部分的果实变成黄色或褐色是种子成熟的表现。苜蓿荚果从绿色变为褐色、种子为黄色时，表明种子已经成熟。由于苜蓿开花期长，种子成熟不一致，应在70%以上的豆荚变褐色时收获，以免因拖延收获而使早熟荚果掉落。收获方法也对种子的适宜收获时间有影响，当90% ～ 95%的荚果变成褐色时可用联合收割机收获种子，当70% ～ 80%的荚果变成褐色时可用简单机具收获。

ᠦᠷ᠎ᠡ ᠶᠢᠨ ᠪᠣᠯᠪᠠᠰᠤᠷᠠᠯ ᠤᠨ ᠡᠬᠢᠨ ᠦ ᠦᠶ᠎ᠡ ᠳᠦ ᠬᠦᠷᠦᠭᠰᠡᠨ ᠦ ᠳᠠᠷᠠᠭ᠎ᠠ ᠪᠡᠷ᠂ ᠲᠠᠷᠢᠯᠠᠩ ᠤᠨ ᠬᠡᠮᠵᠢᠶ᠎ᠡ ᠶᠢᠨ ᠪᠠᠭᠤᠷᠠᠯ ᠲᠠᠢ ᠵᠡᠷᠭᠡ ᠦᠷ᠎ᠡ ᠶᠢᠨ ᠣᠷᠣᠯᠲᠠ ᠪᠠᠭᠤᠷᠠᠨ᠎ᠠ ᠃ ᠬᠤᠷᠢᠶᠠᠯᠲᠠ ᠶᠢᠨ ᠦᠶ᠎ᠡ ᠳᠦ ᠦᠷ᠎ᠡ ᠶᠢᠨ ᠬᠡᠮᠵᠢᠶ᠎ᠡ ᠪᠡᠷ ᠪᠣᠯᠪᠠᠰᠤᠷᠠᠭᠰᠠᠨ ᠦᠷ᠎ᠡ ᠶᠢᠨ ᠲᠣᠭ᠎ᠠ ᠶᠢ ᠬᠡᠮᠵᠢᠵᠦ ᠦᠷ᠎ᠡ ᠶᠢᠨ ᠬᠣᠷᠣᠭᠳᠠᠯ ᠢ ᠲᠣᠭᠠᠴᠠᠭᠰᠠᠨ ᠳᠦᠩ ᠢ ᠪᠠᠷᠢᠮᠳᠠᠯᠠᠵᠤ ᠪᠣᠯᠤᠨ᠎ᠠ ᠃ ᠰᠢᠨᠵᠢᠯᠡᠭᠡ ᠶᠢᠨ ᠳᠦᠩ ᠢ ᠦᠵᠡᠪᠡᠯ᠂ ᠦᠷ᠎ᠡ ᠶᠢᠨ ᠬᠣᠷᠣᠭᠳᠠᠯ ᠢ ᠪᠠᠭᠤᠷᠠᠭᠤᠯᠬᠤ ᠨᠢ ᠦᠷ᠎ᠡ ᠶᠢᠨ ᠣᠷᠣᠯᠲᠠ ᠶᠢ ᠳᠡᠭᠡᠭᠰᠢᠯᠡᠭᠦᠯᠬᠦ ᠶᠢᠨ ᠴᠢᠬᠤᠯᠠ ᠠᠷᠭ᠎ᠠ ᠪᠣᠯᠤᠨ᠎ᠠ ᠃ ᠠᠷᠪᠢᠨ ᠬᠤᠷᠢᠶᠠᠯᠲᠠ ᠲᠠᠢ ᠪᠠᠢᠬᠤ ᠳᠤ ᠦᠷ᠎ᠡ ᠶᠢᠨ ᠣᠷᠣᠯᠲᠠ ᠨᠢ ᠨᠡᠩ ᠥᠨᠳᠦᠷ ᠪᠠᠢᠳᠠᠭ ᠪᠥᠭᠡᠳ ᠦᠷ᠎ᠡ ᠶᠢᠨ ᠴᠢᠨᠠᠷ ᠨᠢ ᠰᠠᠢᠨ ᠪᠠᠢᠨ᠎ᠠ (ᠬᠤᠷᠢᠶᠠᠬᠤ ᠬᠤᠭᠤᠴᠠᠭ᠎ᠠ) ᠬᠤᠭᠤᠴᠠᠭ᠎ᠠ ᠨᠢ ᠪᠠᠷᠤᠭ 30 ᠬᠣᠨᠤᠭ ᠪᠣᠯᠳᠠᠭ᠂ ᠡᠨᠡ ᠬᠤᠭᠤᠴᠠᠭ᠎ᠠ ᠳᠤ ᠲᠠᠷᠢᠯᠠᠩ ᠤᠨ ᠦᠷ᠎ᠡ ᠨᠢ ᠬᠠᠷᠢᠴᠠᠩᠭᠤᠢ ᠲᠣᠭᠲᠠᠪᠤᠷᠢ ᠪᠠᠢᠳᠠᠯ ᠲᠠᠢ ᠪᠣᠯᠵᠠᠢ ᠃

1. ᠦᠷ᠎ᠡ ᠶᠢᠨ ᠲᠣᠭ᠎ᠠ ᠤ ᠬᠣᠷᠣᠭᠳᠠᠯ

ᠪᠣᠯᠪᠠᠰᠤᠷᠠᠯ ᠤᠨ ᠬᠤᠭᠤᠴᠠᠭ᠎ᠠ ᠳᠤ᠂ ᠦᠷ᠎ᠡ ᠶᠢᠨ ᠲᠣᠭ᠎ᠠ ᠤ ᠬᠣᠷᠣᠭᠳᠠᠯ ᠨᠢ ᠦᠷ᠎ᠡ ᠶᠢᠨ ᠪᠣᠯᠪᠠᠰᠤᠷᠠᠯ ᠤᠨ ᠬᠡᠮᠵᠢᠶ᠎ᠡ ᠪᠠ ᠦᠷ᠎ᠡ ᠶᠢᠨ ᠤᠨᠠᠯᠲᠠ ᠳᠤ ᠬᠣᠯᠪᠣᠭᠳᠠᠨ᠎ᠠ ᠃ ᠲᠠᠷᠢᠯᠠᠩ 10 ᠬᠣᠨᠤᠭ ᠪᠣᠯᠤᠭᠰᠠᠨ ᠤ ᠳᠠᠷᠠᠭ᠎ᠠ᠂ 2 ᠬᠣᠨᠤᠭ ᠲᠤᠲᠤᠮ ᠳᠤ ᠬᠡᠮᠵᠢᠬᠦ ᠳᠦ ᠦᠷ᠎ᠡ ᠶᠢᠨ ᠲᠣᠭ᠎ᠠ ᠤ ᠬᠣᠷᠣᠭᠳᠠᠯ ᠨᠢ ᠪᠠᠭᠤᠷᠠᠵᠤ ᠪᠠᠢᠭ᠎ᠠ ᠨᠢ ᠬᠣᠷᠣᠭᠳᠠᠯ ᠤᠨ ᠬᠣᠷᠣᠭᠳᠠᠯ ᠢ 43% ᠪᠣᠯᠭᠠᠵᠤ᠂ ᠪᠠᠷᠤᠭ 43% ᠲᠠᠢ ᠪᠠᠢᠨ᠎ᠠ ᠭᠡᠵᠦ ᠰᠤᠳᠤᠯᠤᠭᠰᠠᠨ ᠪᠠᠢᠨ᠎ᠠ ᠃ ᠦᠷ᠎ᠡ ᠶᠢᠨ ᠲᠣᠭ᠎ᠠ ᠤ ᠬᠣᠷᠣᠭᠳᠠᠯ ᠨᠢ ᠲᠠᠷᠢᠯᠠᠩ ᠤᠨ ᠪᠣᠯᠪᠠᠰᠤᠷᠠᠯ ᠲᠠᠢ ᠬᠣᠯᠪᠣᠭᠳᠠᠨ᠎ᠠ ᠃ ᠲᠣᠭ᠎ᠠ ᠶᠢᠨ ᠬᠣᠷᠣᠭᠳᠠᠯ ᠨᠢ ᠦᠷ᠎ᠡ ᠶᠢᠨ ᠪᠣᠯᠪᠠᠰᠤᠷᠠᠯ ᠤᠨ ᠬᠤᠭᠤᠴᠠᠭ᠎ᠠ ᠳᠤ ᠪᠠᠢᠬᠤ ᠪᠥᠭᠡᠳ᠂ ᠬᠤᠷᠢᠶᠠᠯᠲᠠ ᠶᠢᠨ ᠦᠶ᠎ᠡ ᠶᠢᠨ ᠦᠷ᠎ᠡ ᠶᠢᠨ ᠲᠣᠭ᠎ᠠ ᠤ ᠬᠣᠷᠣᠭᠳᠠᠯ ᠢ 35%～45% ᠪᠣᠯᠭᠠᠨ ᠪᠠᠭᠤᠷᠠᠭᠤᠯᠵᠤ ᠦᠷ᠎ᠡ ᠶᠢᠨ ᠲᠣᠭ᠎ᠠ ᠤ ᠬᠣᠷᠣᠭᠳᠠᠯ ᠨᠢ ᠣᠯᠠᠨ ᠪᠣᠯᠤᠭᠰᠠᠨ ᠪᠠᠷ ᠲᠠᠷᠢᠯᠠᠩ ᠤᠨ ᠦᠷ᠎ᠡ ᠶᠢᠨ ᠣᠷᠣᠯᠲᠠ ᠶᠢ ᠪᠠᠭᠤᠷᠠᠭᠤᠯᠬᠤ ᠶᠠᠭ ᠭᠣᠣᠯ ᠰᠢᠯᠲᠠᠭᠠᠨ ᠪᠣᠯᠤᠨ᠎ᠠ ᠃

2. ᠦᠷ᠎ᠡ ᠶᠢᠨ ᠵᠢᠩᠯᠢᠭ ᠦᠨ ᠪᠠᠭᠤᠷᠠᠯ

ᠦᠷ᠎ᠡ ᠶᠢᠨ ᠪᠣᠯᠪᠠᠰᠤᠷᠠᠯ ᠤᠨ ᠦᠶ᠎ᠡ ᠳᠦ ᠬᠤᠷᠢᠶᠠᠬᠤ ᠳᠤ ᠦᠷ᠎ᠡ ᠶᠢᠨ ᠵᠢᠩᠯᠢᠭ ᠨᠢ ᠬᠠᠷᠢᠴᠠᠩᠭᠤᠢ ᠪᠠᠭ᠎ᠠ ᠪᠠᠢᠳᠠᠭ ᠪᠥᠭᠡᠳ ᠦᠷ᠎ᠡ ᠶᠢᠨ ᠪᠣᠯᠪᠠᠰᠤᠷᠠᠯ ᠤᠨ ᠬᠤᠭᠤᠴᠠᠭ᠎ᠠ ᠳᠤ ᠦᠷ᠎ᠡ ᠶᠢᠨ ᠬᠤᠷᠢᠶᠠᠯᠲᠠ ᠶᠢᠨ ᠴᠢᠨᠠᠷ ᠨᠢ ᠪᠠᠭᠤᠷᠠᠨ᠎ᠠ ᠃ ᠦᠷ᠎ᠡ ᠶᠢᠨ ᠪᠣᠯᠪᠠᠰᠤᠷᠠᠯ ᠤᠨ ᠡᠬᠢᠨ ᠦ ᠦᠶ᠎ᠡ ᠳᠦ ᠦᠷ᠎ᠡ ᠶᠢᠨ ᠬᠤᠷᠢᠶᠠᠯᠲᠠ ᠨᠢ ᠬᠤᠷᠳᠤᠨ ᠡᠮᠦᠨ᠎ᠡ ᠨᠢ ᠬᠤᠷᠢᠶᠠᠬᠤ ᠳᠤ ᠬᠦᠷᠴᠦ᠂ ᠦᠷ᠎ᠡ ᠶᠢᠨ ᠪᠣᠯᠪᠠᠰᠤᠷᠠᠯ ᠢ ᠬᠠᠩᠭᠠᠵᠤ᠂ ᠰᠢᠩᠭᠡᠨ ᠤ ᠬᠡᠮᠵᠢᠶ᠎ᠡ ᠪᠠᠭᠤᠷᠠᠨ᠎ᠠ ᠃ ᠪᠣᠯᠪᠠᠰᠤᠷᠠᠯ ᠤᠨ ᠬᠤᠭᠤᠴᠠᠭ᠎ᠠ ᠳᠤ ᠦᠷ᠎ᠡ ᠶᠢᠨ ᠬᠤᠷᠢᠶᠠᠯᠲᠠ ᠶᠢᠨ ᠬᠤᠭᠤᠴᠠᠭ᠎ᠠ ᠶᠢ ᠲᠣᠭᠲᠠᠭᠠᠬᠤ ᠳᠤ ᠦᠷ᠎ᠡ ᠶᠢᠨ ᠪᠣᠯᠪᠠᠰᠤᠷᠠᠯ ᠤᠨ ᠬᠡᠮᠵᠢᠶ᠎ᠡ ᠪᠡᠷ ᠲᠣᠭᠲᠠᠭᠠᠬᠤ ᠶᠢ ᠰᠠᠨᠠᠯ ᠪᠣᠯᠭᠠᠨ᠎ᠠ ᠃ ᠦᠷ᠎ᠡ ᠶᠢᠨ ᠬᠤᠷᠢᠶᠠᠯᠲᠠ ᠶᠢᠨ ᠡᠬᠢᠨ ᠦ ᠦᠶ᠎ᠡ ᠪᠡᠷ 70% ᠶᠢᠨ ᠬᠡᠮᠵᠢᠶ᠎ᠡ ᠳᠦ ᠬᠦᠷᠴᠦ ᠪᠥᠭᠡᠳ ᠳᠤᠮᠳᠠ ᠬᠤᠭᠤᠴᠠᠭ᠎ᠠ ᠳᠤ ᠦᠷ᠎ᠡ ᠶᠢᠨ ᠪᠣᠯᠪᠠᠰᠤᠷᠠᠯ ᠤᠨ ᠬᠤᠷᠢᠶᠠᠯᠲᠠ 90%～95% ᠳᠤ ᠬᠦᠷᠴᠦ ᠪᠣᠯᠤᠨ᠎ᠠ ᠃ ᠪᠠᠢᠭᠠᠯᠢ ᠶᠢᠨ ᠦᠷ᠎ᠡ ᠶᠢᠨ ᠬᠤᠷᠢᠶᠠᠯᠲᠠ ᠶᠢᠨ ᠡᠬᠢᠨ ᠦ ᠦᠶ᠎ᠡ ᠳᠦ ᠬᠦᠷᠴᠦ ᠪᠠᠢᠭᠰᠠᠨ ᠦᠷ᠎ᠡ ᠶᠢᠨ ᠬᠤᠷᠢᠶᠠᠯᠲᠠ ᠨᠢ 70%～80% ᠳᠤ ᠬᠦᠷᠴᠦ ᠦᠷ᠎ᠡ ᠶᠢᠨ ᠪᠣᠯᠪᠠᠰᠤᠷᠠᠯ ᠤᠨ ᠬᠤᠭᠤᠴᠠᠭ᠎ᠠ ᠳᠤ ᠦᠷ᠎ᠡ ᠶᠢᠨ ᠵᠢᠩᠯᠢᠭ ᠨᠢ ᠲᠣᠭᠲᠠᠪᠤᠷᠢᠵᠤ ᠪᠣᠯᠤᠨ᠎ᠠ ᠃

牧草种子收获的适宜时间

牧草名称	割倒后草垄上干燥	联合收割机直接收获
鸭　茅	形态成熟等级3.4 ～ 3.6 种子含水量35% ～ 40%	盛花期后26 ～ 30天
紫羊茅	形态成熟等级4.0 ～ 4.5 种子含水量35% ～ 40%	盛花期后24 ～ 38天 形态成熟等级4.5 ～ 5.0 种子含水量20% ～ 30%
高羊茅	含水量43%	盛花期后29 ～ 30天
草地早熟禾	形态成熟等级3.3 种子含水量38%	初花期后23天 种子含水量35%
多花黑麦草	形态成熟等级3.0 种子含水量40% ～ 45%	盛花期后29 ～ 30天 形态成熟等级3.3 ～ 3.4 种子含水量37% ～ 40%
多年生黑麦草	形态成熟等级2.5 ～ 3.5 种子含水量40% ～ 47%	盛花期后28 ～ 30天 形态成熟等级3.0 ～ 4.5 种子含水量25% ～ 35%
猫尾草	形态成熟等级3.6 种子含水量40% ～ 47%	盛花期后33 ～ 38天 种子含水量23% ～ 31%
红三叶	盛花期后42天	盛花期后42天（人工干燥）
白三叶	盛花期后21 ～ 26天	——
紫花苜蓿	果荚2/3 ～ 3/4变为黑褐色	干燥剂处理后3 ～ 10天内收获，这时果荚和叶的含水量为15% ～ 20%
百脉根	大部分果荚变为浅褐或褐色	——

注：形态成熟等级：花序完全绿色为1；不完全绿色或黄色为3；完全黄色为5（Fairey和Hampton，1997）。

[illegible]

[illegible]	[illegible]	[illegible]
[illegible]	2/3 ~ 3/4 [illegible]	[illegible] 15% ~ 20% [illegible] 3 ~ 10 [illegible]
[illegible]	ᠴᠡᠴᠡᠭ ᠳᠡᠯᠭᠡᠷᠡᠭᠰᠡᠨ ᠦ ᠳᠠᠷᠠᠭ᠎ᠠ 21~26 ᠡᠳᠦᠷ	——
[illegible]	ᠴᠡᠴᠡᠭ ᠳᠡᠯᠭᠡᠷᠡᠭᠰᠡᠨ ᠦ ᠳᠠᠷᠠᠭ᠎ᠠ 42 ᠡᠳᠦᠷ	ᠴᠡᠴᠡᠭ ᠳᠡᠯᠭᠡᠷᠡᠭᠰᠡᠨ ᠦ ᠳᠠᠷᠠᠭ᠎ᠠ 42 ᠡᠳᠦᠷ ([illegible])
[illegible]	ᠦᠷ᠎ᠡ ᠶᠢᠨ ᠤᠰᠤᠨ ᠤ ᠬᠡᠮᠵᠢᠶ᠎ᠡ 40% ~ 47% ᠮᠢᠩᠭᠠᠨ ᠰᠢᠷᠬᠡᠭ ᠦᠨ ᠵᠢᠩᠭᠢᠯᠡᠯᠲᠡ ᠨᠢ 3.6	ᠦᠷ᠎ᠡ ᠶᠢᠨ ᠤᠰᠤᠨ ᠤ ᠬᠡᠮᠵᠢᠶ᠎ᠡ 23% ~ 31% ᠴᠡᠴᠡᠭ ᠳᠡᠯᠭᠡᠷᠡᠭᠰᠡᠨ ᠦ ᠳᠠᠷᠠᠭ᠎ᠠ 33 ~ 38 ᠡᠳᠦᠷ
[illegible]	ᠦᠷ᠎ᠡ ᠶᠢᠨ ᠤᠰᠤᠨ ᠤ ᠬᠡᠮᠵᠢᠶ᠎ᠡ 40% ~ 47% ᠮᠢᠩᠭᠠᠨ ᠰᠢᠷᠬᠡᠭ ᠦᠨ ᠵᠢᠩᠭᠢᠯᠡᠯᠲᠡ ᠨᠢ 2.5 ~ 3.5	ᠦᠷ᠎ᠡ ᠶᠢᠨ ᠤᠰᠤᠨ ᠤ ᠬᠡᠮᠵᠢᠶ᠎ᠡ 25% ~ 35% ᠮᠢᠩᠭᠠᠨ ᠰᠢᠷᠬᠡᠭ ᠦᠨ ᠵᠢᠩᠭᠢᠯᠡᠯᠲᠡ ᠨᠢ 3.0 ~ 4.5 ᠴᠡᠴᠡᠭ ᠳᠡᠯᠭᠡᠷᠡᠭᠰᠡᠨ ᠦ ᠳᠠᠷᠠᠭ᠎ᠠ 28 ~ 30 ᠡᠳᠦᠷ
[illegible]	ᠦᠷ᠎ᠡ ᠶᠢᠨ ᠤᠰᠤᠨ ᠤ ᠬᠡᠮᠵᠢᠶ᠎ᠡ 40% ~ 45% ᠮᠢᠩᠭᠠᠨ ᠰᠢᠷᠬᠡᠭ ᠦᠨ ᠵᠢᠩᠭᠢᠯᠡᠯᠲᠡ ᠨᠢ 3.0	ᠦᠷ᠎ᠡ ᠶᠢᠨ ᠤᠰᠤᠨ ᠤ ᠬᠡᠮᠵᠢᠶ᠎ᠡ 37 % ~ 40% ᠮᠢᠩᠭᠠᠨ ᠰᠢᠷᠬᠡᠭ ᠦᠨ ᠵᠢᠩᠭᠢᠯᠡᠯᠲᠡ ᠨᠢ 3.3 ~ 3.4 ᠴᠡᠴᠡᠭ ᠳᠡᠯᠭᠡᠷᠡᠭᠰᠡᠨ ᠦ ᠳᠠᠷᠠᠭ᠎ᠠ 29 ~ 30 ᠡᠳᠦᠷ
[illegible]	ᠦᠷ᠎ᠡ ᠶᠢᠨ ᠤᠰᠤᠨ ᠤ ᠬᠡᠮᠵᠢᠶ᠎ᠡ 38% ᠮᠢᠩᠭᠠᠨ ᠰᠢᠷᠬᠡᠭ ᠦᠨ ᠵᠢᠩᠭᠢᠯᠡᠯᠲᠡ ᠨᠢ 3.3	ᠦᠷ᠎ᠡ ᠶᠢᠨ ᠤᠰᠤᠨ ᠤ ᠬᠡᠮᠵᠢᠶ᠎ᠡ 35% [illegible] 23 ᠡᠳᠦᠷ
[illegible]	[illegible] 43%	ᠴᠡᠴᠡᠭ ᠳᠡᠯᠭᠡᠷᠡᠭᠰᠡᠨ ᠦ ᠳᠠᠷᠠᠭ᠎ᠠ 29 ~ 30 ᠡᠳᠦᠷ
[illegible]	ᠦᠷ᠎ᠡ ᠶᠢᠨ ᠤᠰᠤᠨ ᠤ ᠬᠡᠮᠵᠢᠶ᠎ᠡ 35% ~ 40% ᠮᠢᠩᠭᠠᠨ ᠰᠢᠷᠬᠡᠭ ᠦᠨ ᠵᠢᠩᠭᠢᠯᠡᠯᠲᠡ ᠨᠢ 4.0 ~ 4.5	ᠦᠷ᠎ᠡ ᠶᠢᠨ ᠤᠰᠤᠨ ᠤ ᠬᠡᠮᠵᠢᠶ᠎ᠡ 20% ~ 30% ᠮᠢᠩᠭᠠᠨ ᠰᠢᠷᠬᠡᠭ ᠦᠨ ᠵᠢᠩᠭᠢᠯᠡᠯᠲᠡ ᠨᠢ 4.5 ~ 5.0 ᠴᠡᠴᠡᠭ ᠳᠡᠯᠭᠡᠷᠡᠭᠰᠡᠨ ᠦ ᠳᠠᠷᠠᠭ᠎ᠠ 24 ~ 38 ᠡᠳᠦᠷ
[illegible]	ᠦᠷ᠎ᠡ ᠶᠢᠨ ᠤᠰᠤᠨ ᠤ ᠬᠡᠮᠵᠢᠶ᠎ᠡ 35% ~ 40% ᠮᠢᠩᠭᠠᠨ ᠰᠢᠷᠬᠡᠭ ᠦᠨ ᠵᠢᠩᠭᠢᠯᠡᠯᠲᠡ ᠨᠢ 3.4 ~ 3.6	ᠴᠡᠴᠡᠭ ᠳᠡᠯᠭᠡᠷᠡᠭᠰᠡᠨ ᠦ ᠳᠠᠷᠠᠭ᠎ᠠ 26 ~ 30 ᠡᠳᠦᠷ

[illegible] : [illegible] : [illegible] 1 ᠄ [illegible] 3 ᠄ [illegible] 5

(Fairey ᠪᠠ Hampton ,1997)

3. 种子成熟度

禾本科牧草种子的成熟可分为乳熟期、蜡熟期和完熟期。乳熟期的种子水分含量高，干燥后轻而不饱满，种子产量低。蜡熟期的种子呈蜡质状，种子很容易用指甲切断。完熟期的种子已全部变干，种子的颜色已达正常状态。蜡熟期收获的种子含水量稍高，千粒重也稍低于完熟期的种子，但收获时种子的脱落损失较完熟期收获要少一些，一般用人工或简单机械收刈时多在蜡熟期进行。当用联合收割机收获禾本科牧草种子时，一般可在蜡熟期或完熟期进行。

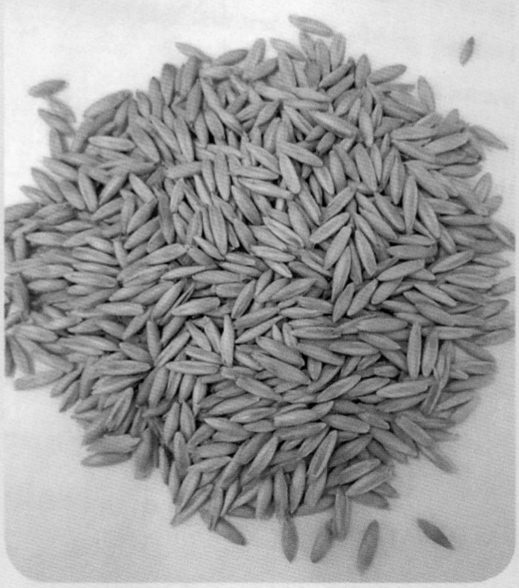

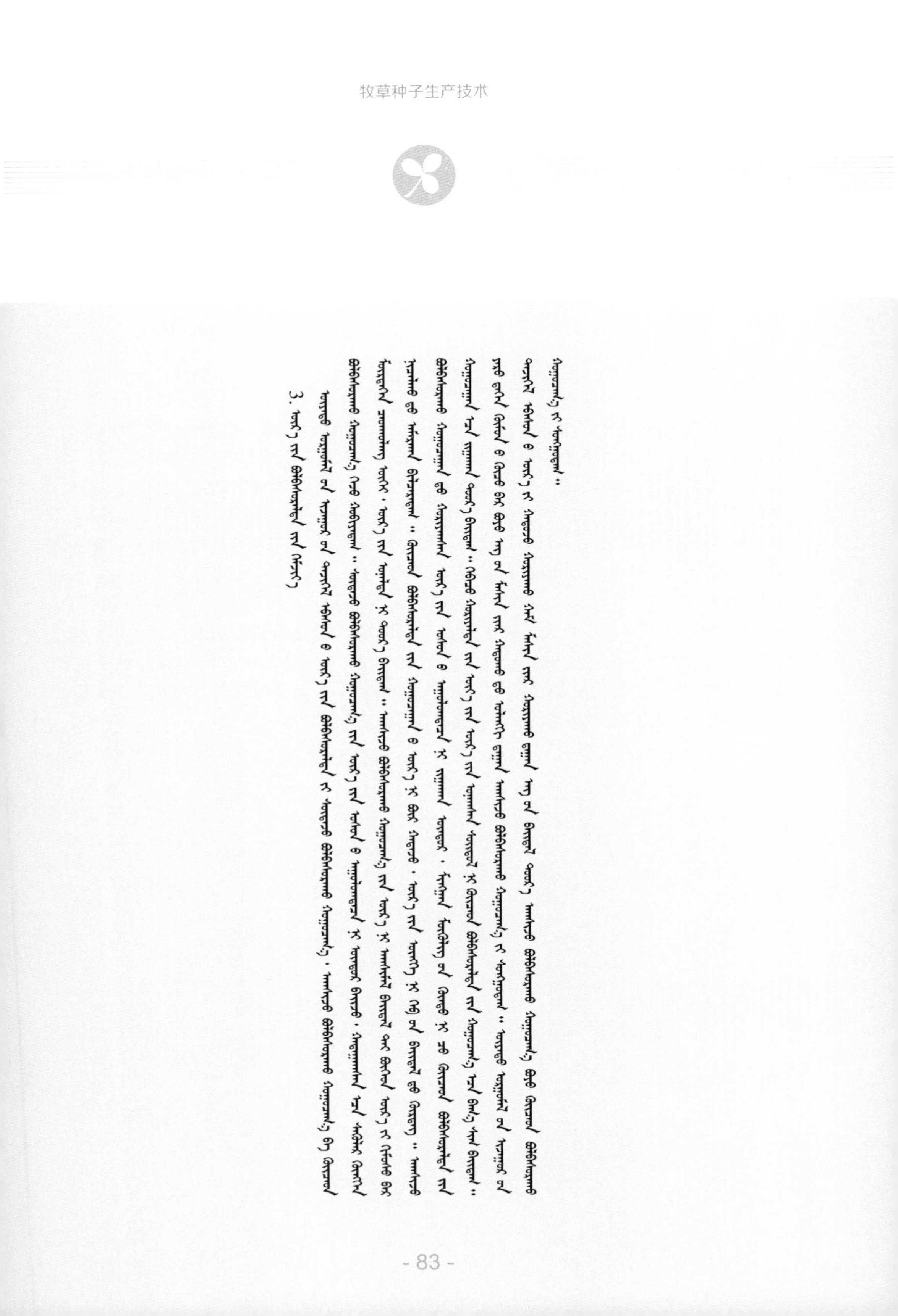

（二）收获方法

牧草种子收获可以用联合收割机、割草机或人工收割。用联合收割机收割，收获速度快，种子收获工作能在短期内完成，同时也可以省去普通方法收获时所必需的工作程序，如捆束、运输、晒干、脱粒等，可以节省劳动力。但是，我国缺乏牧草种子生产专用的收获机械，致使部分种子损失。用联合收割机收获时，牧草的刈割高度为20 ～ 40 cm，这样可以较少地割下绿色的茎、叶及杂草，减少收获时的困难，降低种子湿度和减少杂草混入。刈后的残茬还可供放牧或刈割做青、干草。

大部分多年生禾本科牧草由于成熟期不一致，脱粒前要求干燥，可用割草机进行刈割。用割草机刈割时，留茬高度为15 cm，可将割下的牧草晾晒在残茬上，放成草条，2 ～ 7天后在田间用脱粒机械进行脱粒；也可刈割后直接运输到干燥晾晒场地，干燥后进行脱粒。具体方法视牧草种类而定。

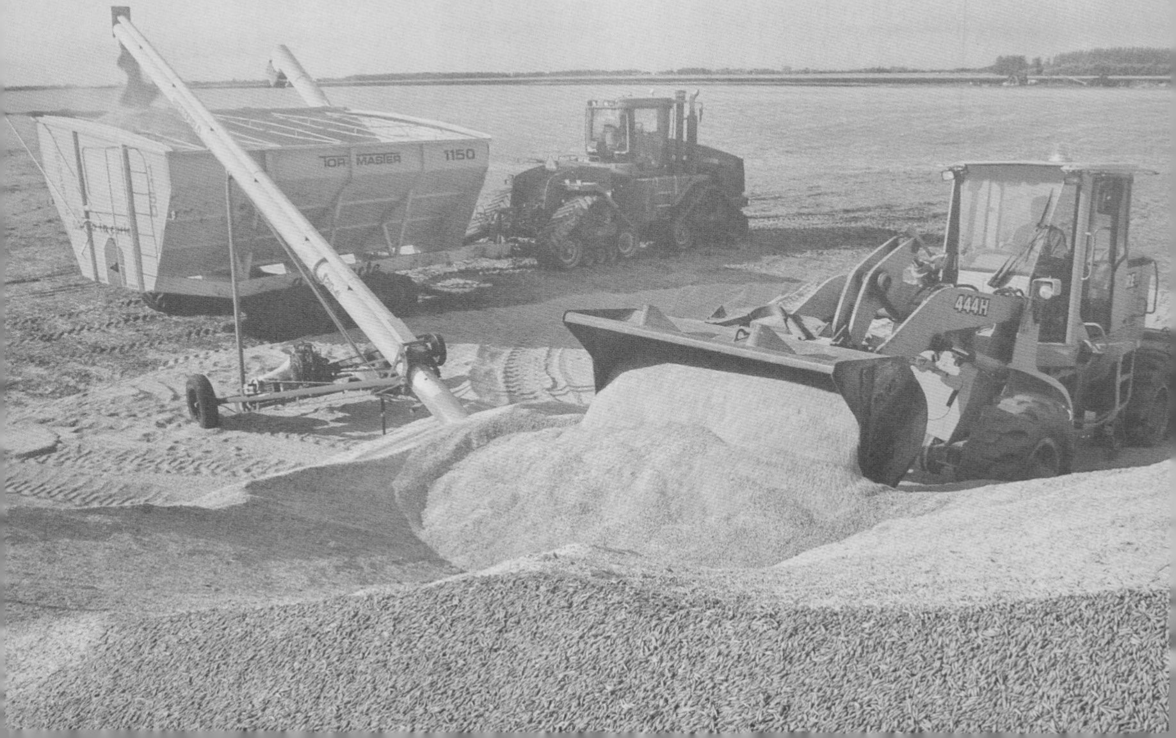

ᠤᠰᠤᠯᠠᠬᠤ ᠬᠡᠮᠵᠢᠶ᠎ᠡ ᠨᠢ 2 ～ 7 ᠤᠳᠠᠭ᠎ᠠ ᠶᠢᠨ ᠬᠡᠮᠵᠢᠶ᠎ᠡ ᠲᠠᠢ ᠪᠠᠢᠬᠤ ᠪᠥᠭᠡᠳ ᠤᠰᠤᠯᠠᠬᠤ ᠳᠤ ᠬᠥᠷᠥᠰᠦ ᠶᠢᠨ ᠬᠡᠮᠵᠢᠶ᠎ᠡ ᠶᠢᠨ ᠨᠣᠭᠣᠭᠠᠨ ᠤᠰᠤᠯᠠᠬᠤ ᠬᠡᠮᠵᠢᠶ᠎ᠡ ᠶᠢ ᠨᠡᠮᠡᠭᠦᠯᠬᠦ ᠂ ᠭᠦᠨ ᠢ ᠶᠡᠬᠡ ᠪᠠᠭ᠎ᠠ ᠤᠰᠤᠯᠠᠬᠤ ᠬᠥᠷᠥᠰᠦ ᠶᠢᠨ ᠳᠣᠣᠷ᠎ᠠ ᠬᠢ ᠳᠡᠭᠡᠷ᠎ᠡ ᠳᠠᠪᠬᠤᠷᠭ᠎ᠠ ᠶᠢᠨ 15 cm ᠭᠦᠨ ᠳᠦ ᠂ ᠤᠰᠤᠯᠠᠯᠲᠠ ᠬᠡᠮᠵᠢᠶ᠎ᠡ ᠶᠢ ᠲᠣᠭᠲᠠᠭᠠᠨ᠎ᠠ ᠃

ᠤᠰᠤᠯᠠᠬᠤ ᠳᠠᠪᠬᠤᠷᠭ᠎ᠠ ᠶᠢᠨ ᠭᠦᠨ ᠢ 20 ～ 40 cm ᠪᠠᠢᠯᠭᠠᠨ᠎ᠠ ᠂ ᠬᠡᠷᠪᠡ ᠂ ᠬᠥᠷᠥᠰᠦ ᠨᠢ ᠤᠰᠤ ᠶᠢᠨ ᠬᠡᠮᠵᠢᠶ᠎ᠡ ᠶᠢ ᠪᠠᠷᠢᠬᠤ ᠴᠢᠳᠠᠯ ᠤᠰᠤᠯᠠᠬᠤ ᠂ ᠤᠰᠤᠯᠠᠯᠲᠠ ᠶᠢᠨ ᠪᠠᠷᠢᠮᠲᠠ ᠶᠢ ᠪᠠᠲᠤᠯᠠᠬᠤ ᠂ ᠬᠡᠮᠵᠢᠶ᠎ᠡ ᠶᠢᠨ

豆科牧草种子成熟时，植株还未停止生长，茎叶处于青绿状态，给种子收获带来很大困难。因此，在种子收获之前要进行干燥处理。常用飞机或地面喷雾器对田间生长的植株施化学干燥剂，在喷后3～5天，直接用联合收割机进行收割。匍匐型牧草用割草机割成草条，晾晒之后用脱粒机脱粒。干燥剂为一些接触性除莠剂，如敌快特（Diquat）用量为1～2 kg/hm^2，敌草隆用量为3～4 L/hm^2，利谷隆用量为3.2 kg/hm^2。加拿大有研究表明，苜蓿种子生产中使用干燥剂（Diquat）0.5 kg/hm^2，在60%～75%种荚变成褐色时施用7天后可以获得较高的种子产量。

矮柱花草和圭亚那柱花草种子的落粒性非常强，常常随成熟落地，加之种子的成熟期不一致，用收割机收割的植株地上部分持留种子量仅占总产量的1/3～1/2，给种子生产带来巨大困难。目前国内外常采取收割后将带种子的牧草堆积于原地，等种子完全脱落后再用吸种机将散落于地面上的种子吸起或用人工扫起。

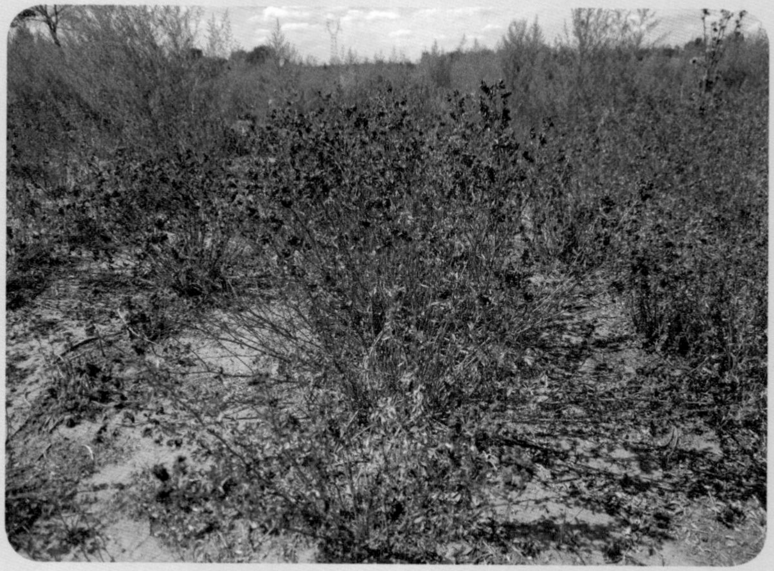

ᠬᠡᠷᠡᠭᠯᠡᠬᠦ ᠦᠷ᠎ᠡ ᠶᠢᠨ ᠬᠠᠭᠤᠷᠮᠠᠭᠰᠢᠭᠤᠯᠤᠭᠴᠢ ᠳᠤ ᠴᠠᠴᠤᠭᠰᠠᠨ ᠳᠤ Diquat ᠢ 0.5 kg/hm² ᠬᠡᠷᠡᠭᠯᠡᠬᠦ 60% ~ 75% ᠤᠨ ᠤᠰᠤ ᠶᠢ ᠨᠡᠮᠡᠵᠦ ᠬᠤᠯᠢᠬᠤ ᠪᠣᠯᠤᠨ᠎ᠠ᠂
3 ~ 4 L/hm² ᠪᠣᠯᠭᠠᠨ᠎ᠠ᠂ ᠯᠢ ᠭᠦ ᠯᠦᠩ（利谷隆）ᠤᠨ ᠬᠡᠷᠡᠭᠯᠡᠬᠦ ᠬᠡᠮᠵᠢᠶ᠎ᠡ ᠨᠢ 3.2 kg/hm² ᠪᠣᠯᠤᠨ᠎ᠠ :: ᠤᠰᠤ ᠶᠢᠨ ᠬᠡᠮᠵᠢᠶ᠎ᠡ ᠨᠢ ᠳᠡᠭᠡᠷᠡᠬᠢ ᠲᠠᠢ ᠠᠳᠠᠯᠢ᠂
ᠬᠡᠷᠡᠭᠯᠡᠨ᠎ᠡ᠂ ᠰᠡᠯᠦᠭᠡᠨ ᠳᠦ ᠳᠢ ᠺᠤᠸᠠ（Diquat）ᠶᠢᠨ ᠬᠡᠷᠡᠭᠯᠡᠬᠦ ᠬᠡᠮᠵᠢᠶ᠎ᠡ ᠨᠢ 1 ~ 2 kg/hm² ᠪᠣᠯᠭᠠᠨ᠎ᠠ᠂ ᠳᠢ ᠴᠠᠣ ᠯᠦᠩ（敌草隆）ᠤᠨ ᠬᠡᠷᠡᠭᠯᠡᠬᠦ ᠬᠡᠮᠵᠢᠶ᠎ᠡ ᠨᠢ

六、牧草种子的清选、分级和包装

（一）清选

种子清选通常是利用牧草种子与混杂物物理特性的差异，通过专门的机械设备来完成。普遍应用的是种子大小、外形、密度、表面结构、极限速度和回弹等特性。清选机就是利用其中一种或数种特性差异进行筛选的。

1. 风筛清选

风筛清选是根据种子与混杂物在大小、外形和密度上的不同而进行清选，常用气流筛选机进行。种子由进料口加入，靠重力流入送料器，送料器定量地把种子送入气流中，气流首先除掉轻的杂物，如茎叶碎片、脱落的颖片等；其余种子撒布在最上面的筛面上，通过此筛将大混杂物除去；落下的种子进入第二筛面，在第二筛按种子大小进行粗清选；接着转到第三筛进行精筛选，种子落到第四筛进行最后一次清选。种子在流出第四筛时，将轻的种子和杂物除去。可根据所清选牧草种子的大小选择不同大小、形状的筛面。

风筛清选法只有在混杂物的大小与种子的体积相差较大时，才能取得较好的效果。如果差异很小，种子与杂物不易用筛子分离。这时，需要选用其他清选方法。

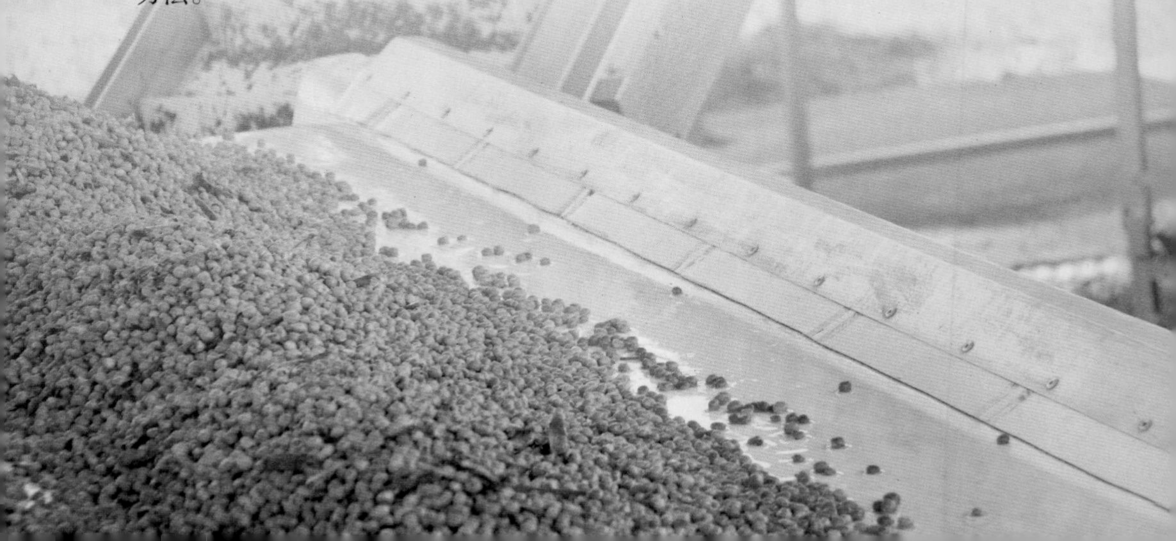

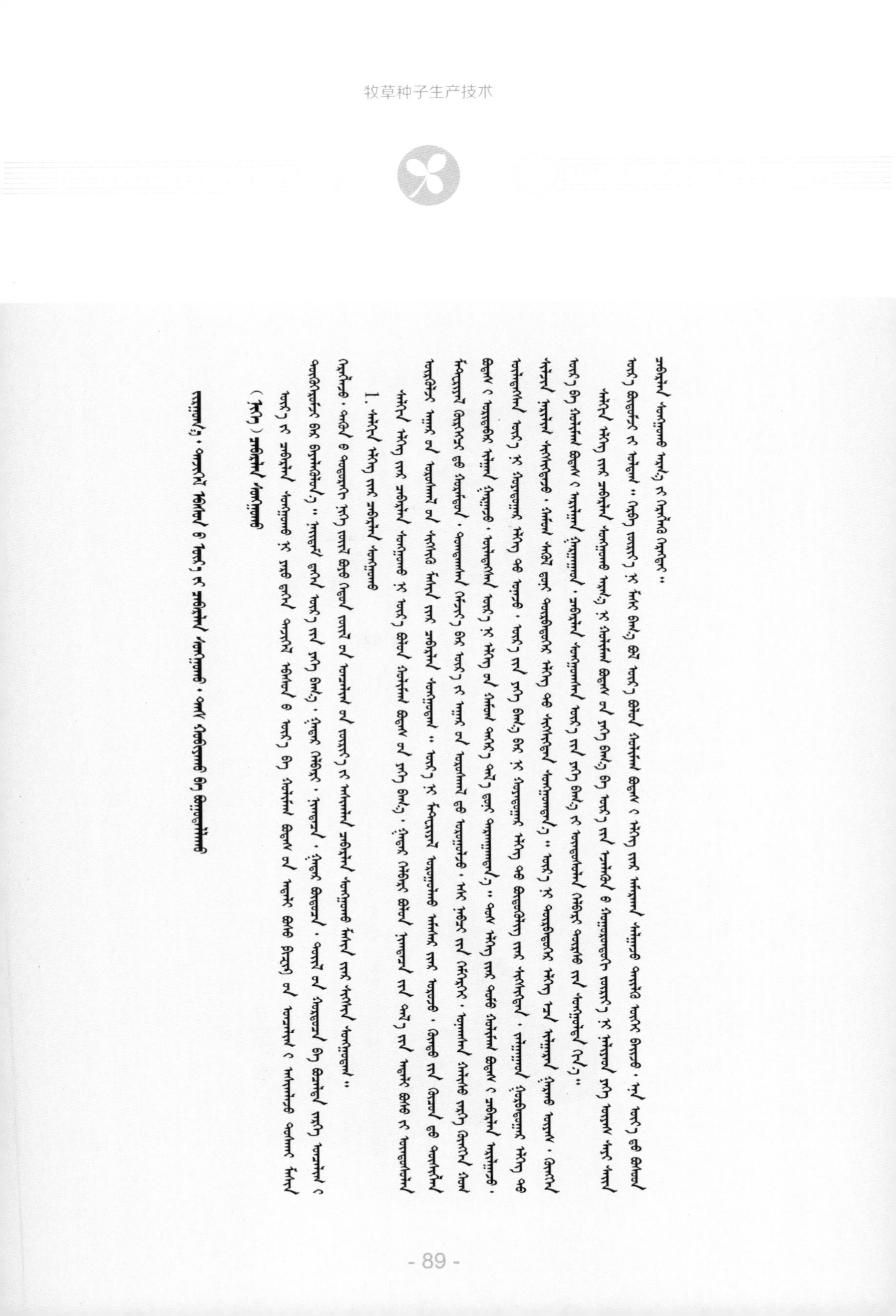

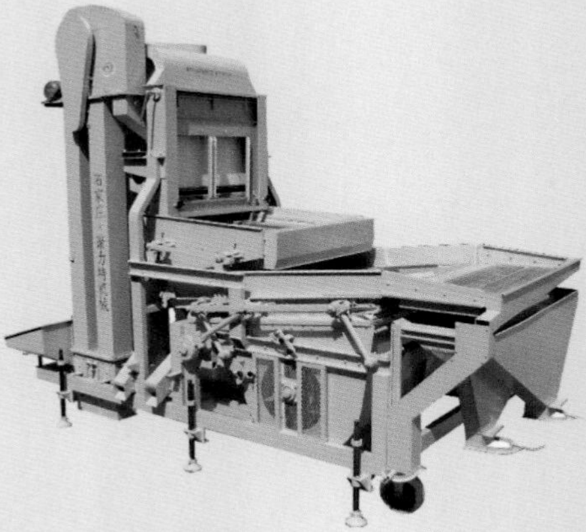

风筛震动清选机

2. 比重清选

比重清选法是按种子与混杂物的密度和比重差异来清选种子的。大小、形状、表面特征相似的种子，可用比重清选法分离；破损、发霉、虫蛀、皱缩的种子，大小与优质种子相似，但比重较小，利用比重清选设备的效果特别好。

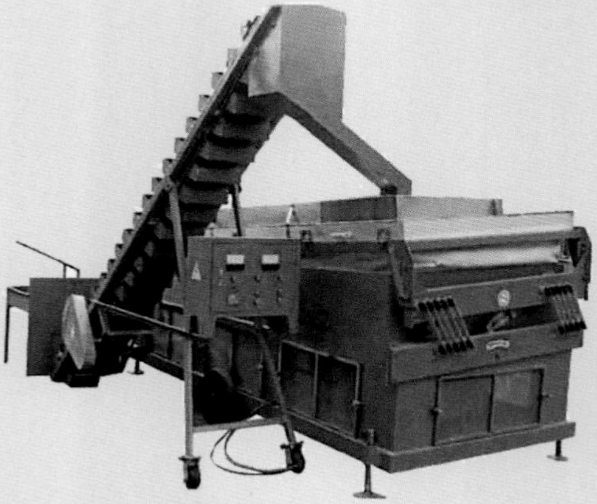

比重震动清选机

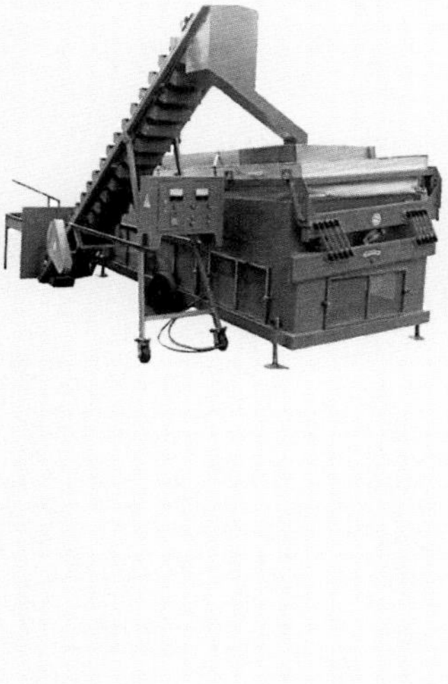

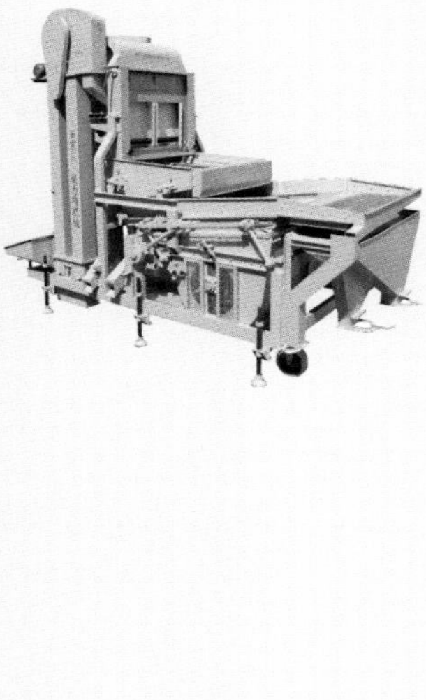

3. 窝眼清选

根据种子及混杂物的长度不同进行清选。常用的清选设备为窝眼筒或窝眼盘的分离装置。窝眼筒分离器是一个水平安装的圆柱形滚筒，筒内壁有许多窝眼，筒内装有固定的U形种槽。工作时，窝眼筒作低速回转运动，处在筒底的种子及混杂物，较短的成分，每一粒落入一个窝眼中，被滚筒带到较高位置，靠重力落往种槽内，被螺旋推动器推送到出口处；较长的成分不能落往窝眼，落不到种槽内，因而与较短的成分分离。

（二）分级

种子经干燥和清选后，根据种子的净度、发芽率、其他植物种子数和种子含水量分为不同的等级，一方面便于贮藏管理；另一方面方便种子的运输。

净度是种子种用价值的主要依据，不仅影响种子的质量和播种量，而且是种子安全贮藏的主要因素之一。发芽率是衡量种子质量的主要指标，也是决定种子价格的主要因素。其他植物种子包括异作物种子或杂草种子，它们的存在容易造成机械及生物混杂，直接影响到产量和质量。种子含水量是种子安全贮藏的重要指标。部分主要栽培牧草种子质量的分级已制定相应标准，规定三级以下的牧草种子不予收购、出售，不准作为种用。

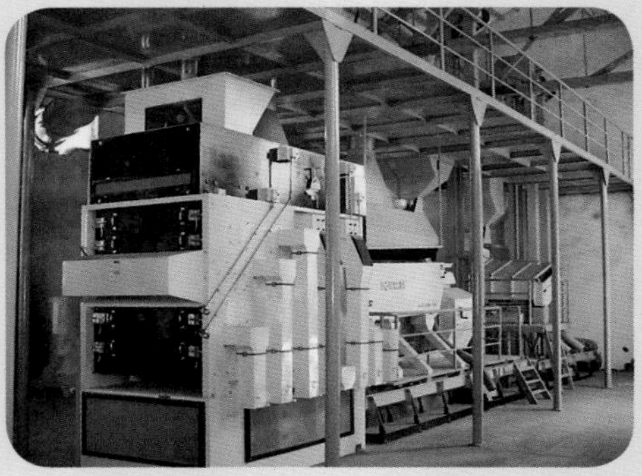

窝眼清选机

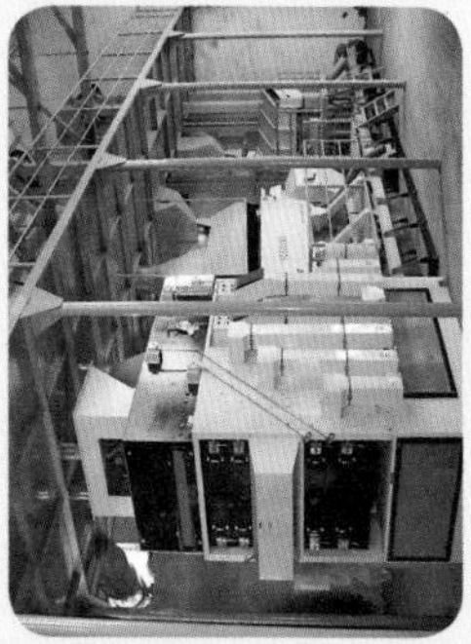

ᠪᠣᠯᠤᠨ᠎ᠠ ᠰᠢᠩᠭᠡᠷᠡᠭᠦᠯᠬᠦ ᠬᠡᠮᠵᠢᠶ᠎ᠡ ᠶᠢᠨ ᠪᠠᠶᠢᠨ᠎ᠠ :: ᠦᠷ᠎ᠡ ᠶᠢᠨ ᠬᠡᠮᠵᠢᠶ᠎ᠡ ᠳᠦ ᠦᠷ᠎ᠡ ᠶᠢᠨ ᠦᠷ᠎ᠡ᠂ ᠦᠷ᠎ᠡ ᠶᠢᠨ ᠬᠡᠮᠵᠢᠶ᠎ᠡ ᠶᠢᠨ U ᠬᠡᠯᠪᠡᠷᠢ ᠶᠢᠨ ᠦᠷ᠎ᠡ ᠶᠢᠨ

部分主要牧草种子质量分级标准

（国家标准总局，1985a、b、c）

种　名	级别	净度不低于（%）	发芽率不低于（%）	其他植物种子不高于（粒/kg）	含水量不高于（%）
紫花苜蓿	1	95	90	1 000	12
	2	90	85	2 000	12
	3	85	80	4 000	12
沙打旺	1	95	85	500	12
	2	90	80	1 000	12
	3	85	70	2 000	12
红豆草	1	98	90	50	13
	2	95	85	100	13
	3	90	75	200	13
白三叶	1	90	80	1 000	12
	2	85	70	2 000	12
	3	80	60	4 000	12
黄花草木樨	1	95	85	500	12
	2	90	80	1 000	12
	3	85	70	2 000	12
冰　草	1	80	80	2 000	11
	2	75	75	3 000	11
	3	70	70	5 000	11

ᠮᠠᠯ ᠤᠨ ᠲᠡᠵᠢᠭᠡᠯ ᠦᠨ ᠣᠷᠭᠣᠮᠠᠯ ᠤᠨ ᠦᠷ᠎ᠡ ᠶᠢᠨ ᠴᠢᠨᠠᠷ ᠤᠨ ᠵᠡᠷᠭᠡ ᠶᠢᠨ ᠪᠠᠷᠢᠮᠵᠢᠶ᠎ᠠ

（ᠮᠣᠩᠭᠣᠯ ᠤᠨ ᠪᠠᠷᠢᠮᠵᠢᠶ᠎ᠠ ᠶᠢᠨ ᠬᠣᠷᠢᠶ᠎ᠠ ᠪᠠᠷᠢᠮᠲᠠ · 1985a · b · c）

ᠣᠷᠭᠣᠮᠠᠯ ᠤᠨ ᠨᠡᠷ᠎ᠡ	ᠵᠡᠷᠭᠡ	ᠴᠡᠪᠡᠷ ᠦᠨ ᠬᠡᠮᠵᠢᠶ᠎ᠡ >（%）	ᠰᠣᠶᠣᠯᠠᠭᠤᠯᠬᠤ ᠬᠤᠪᠢ >（%）	ᠪᠤᠰᠤᠳ ᠦᠷ᠎ᠡ ᠶᠢᠨ ᠲᠣᠭ᠎ᠠ <（ᠰᠢᠬᠢᠮ/Kg）	ᠤᠰᠤᠨ ᠤ ᠬᠡᠮᠵᠢᠶ᠎ᠡ <（%）
	1	95	90	1 000	12
ᠪᠣᠷᠣ ᠰᠢᠷᠪᠡᠭᠡ	2	90	85	2 000	12
	3	85	80	4 000	12
	1	95	85	500	12
ᠭᠠᠷᠤᠭ ᠤᠨ ᠬᠢᠷᠠᠭ	2	90	80	1 000	12
	3	85	70	2 000	12
	1	98	90	50	13
ᠨᠣᠭᠣᠭᠠᠨ ᠪᠣᠷᠴᠠᠭ ᠮᠣᠳᠣ	2	95	85	100	13
	3	90	75	200	13
	1	90	80	1 000	12
ᠰᠢᠯᠦᠭᠡᠰᠦᠨ ᠪᠣᠭᠣᠯ	2	85	70	2 000	12
	3	80	60	4 000	12
	1	95	85	500	12
ᠬᠢᠶᠠᠭ ᠪᠡᠯᠴᠢᠷ	2	90	80	1 000	12
	3	85	70	2 000	12
	1	80	80	2 000	11
ᠰᠠᠷᠢᠭᠤᠨ	2	75	75	3 000	11
	3	70	70	5 000	11

（续表）

种　名	级别	净度不低于（%）	发芽率不低于（%）	其他植物种子不高于（粒/kg）	含水量不高于（%）
羊草	1	80	80	2 000	11
	2	75	75	3 000	11
	3	70	70	5 000	11
无芒雀麦	1	90	90	500	11
	2	85	85	1 000	11
	3	75	80	2 000	11
披碱草	1	95	90	1 000	11
	2	90	85	2 000	11
	3	80	80	4 000	11
老芒麦	1	90	90	1 000	11
	2	85	80	2 000	11
	3	75	75	4 000	11
多年生黑麦草	1	95	90	500	12
	2	90	85	1 000	12
	3	85	80	2 000	12
草地早熟禾	1	85	80	2 000	11
	2	80	70	3 000	11
	3	75	60	5 000	11

ᠦᠪᠡᠰᠦ ᠶᠢᠨ ᠨᠡᠷ᠎ᠡ	ᠵᠡᠷᠭᠡ	ᠴᠡᠪᠡᠷ ᠦᠨ ᠬᠡᠮᠵᠢᠶ᠎ᠡ >（%）	ᠨᠠᠭᠠᠯᠠᠬᠤ ᠬᠤᠪᠢ >（%）	ᠪᠤᠰᠤᠳ ᠤᠷᠭᠤᠮᠠᠯ ᠤᠨ ᠦᠷ᠎ᠡ <（ᠰᠢᠷᠬᠡᠭ/Kg）	ᠤᠰᠤᠨ ᠤ ᠬᠡᠮᠵᠢᠶ᠎ᠡ <（%）
	3	75	60	5 000	11
ᠮᠣᠩᠭᠣᠯ ᠤᠨ ᠪᠣᠷᠴᠠᠭ ᠡᠪᠡᠰᠦ	2	80	70	3 000	11
	1	85	80	2 000	11
	3	85	80	2 000	12
ᠬᠠᠯᠠᠮ ᠪᠦᠭᠦᠳᠡ ᠰᠡᠭᠦᠳᠡᠷ ᠪᠣᠷᠴᠠᠭ ᠡᠪᠡᠰᠦ	2	90	85	1 000	12
	1	95	90	500	12
	3	75	75	4 000	11
ᠰᠢᠷᠭᠢᠯᠵᠢᠨ ᠰᠢᠷᠠ ᠬᠢᠶᠠᠭ	2	85	80	2 000	11
	1	90	90	1 000	11
	3	80	80	4 000	11
ᠰᠢᠷᠠ ᠬᠢᠶᠠᠭ	2	90	85	2 000	11
	1	95	90	1 000	11
	3	75	80	2 000	11
ᠰᠣᠯᠣᠩᠭ᠎ᠠ ᠰᠠᠯᠠᠭᠠᠲᠤ ᠰᠢᠪᠠᠭ	2	85	85	1 000	11
	1	90	90	500	11
	3	70	70	5 000	11
ᠬᠢᠶᠠᠭ	2	75	75	3 000	11
	1	80	80	2 000	11

（ᠦᠷᠭᠦᠯᠵᠢᠯᠡᠯ ᠪᠣᠯᠤᠨ᠎ᠠ）

（三）包装

根据我国对牧草种子包装、贮藏和运输的规定标准，商品种子必须经过清选、干燥和质量（净度、发芽率、含水量）检验后，才能进行包装。包装要避免散漏、受闷返潮、品种混杂和种子污染，并且要便于检查、搬运和装卸。包装袋应用能透气的麻袋、布袋或尼龙袋，忌用不透气的塑料袋或装过农药、化肥、腌制品及油脂的袋子包装。包装袋要干燥、牢固、无破损、清洁（包括无虫、无异品种种子及杂物）。在多孔纸袋或针织袋中经短时间贮藏的种子，或在低温干燥条件下贮藏的种子，可保持种子的生命力，而在高热条件下贮藏的种子或市场上出售的种子，如不进行严密防潮，就会很快丧失生活力。保存两个种植季节以上的种子往往需干燥并包装在防潮的容器中，以防生活力的丧失。常用的抗湿材料有聚乙烯薄膜、聚酯薄膜、聚乙烯化合物薄膜、玻璃纸、铝箔、沥青等。抗湿材料可与麻布、棉布、纸等制成叠层材料，防止水分进入包装容器。

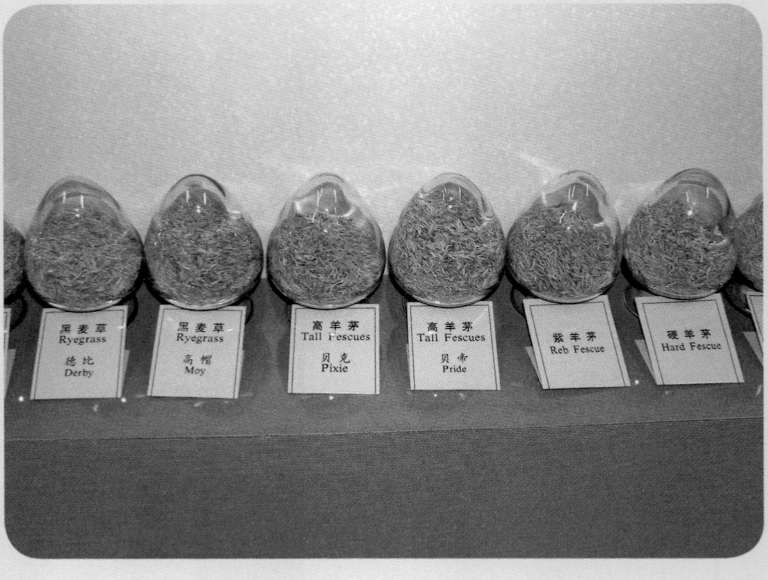

ᠪᠣᠯᠪᠠᠰᠤᠷᠠᠭᠤᠯᠬᠤ ᠠᠷᠭ᠎ᠠ ᠳᠤ ᠬᠠᠮᠢᠶ᠎ᠠ ᠲᠠᠢ ᠪᠣᠯᠤᠨ᠎ᠠ ᠃

(ᠭᠤᠷᠪᠠ) ᠪᠣᠯᠪᠠᠰᠤᠷᠠᠭᠤᠯᠬᠤ

ᠤᠷ᠎ᠠ ᠶᠢᠨ ᠲᠠᠷᠢᠮᠠᠯ ᠤᠨ ᠬᠤᠷᠢᠶᠠᠯᠲᠠ ᠶᠢᠨ ᠳᠠᠷᠠᠭ᠎ᠠ ᠶᠢᠨ ᠪᠣᠯᠪᠠᠰᠤᠷᠠᠭᠤᠯᠬᠤ ᠂ ᠬᠠᠳᠠᠭᠠᠯᠠᠬᠤ ᠶᠢ ᠬᠠᠮᠤᠷᠤᠭᠰᠠᠨ ᠪᠠᠢᠨ᠎ᠠ ᠃ ᠲᠡᠷᠡ ᠨᠢ ᠤᠷ᠎ᠠ ᠶᠢᠨ ᠪᠣᠯᠪᠠᠰᠤᠷᠠᠭᠤᠯᠬᠤ ᠠᠷᠭ᠎ᠠ ᠶᠢ ᠬᠡᠷᠡᠭᠯᠡᠵᠦ ᠂ ᠤᠷ᠎ᠠ ᠶᠢᠨ ᠴᠢᠨᠠᠷ ᠢ ᠳᠡᠭᠡᠭᠰᠢᠯᠡᠭᠦᠯᠬᠦ ᠶᠢᠨ ᠲᠥᠯᠦᠭᠡ ᠪᠣᠯᠪᠠᠰᠤᠷᠠᠭᠤᠯᠬᠤ ᠬᠡᠷᠡᠭᠲᠡᠢ ᠃ ᠪᠣᠯᠪᠠᠰᠤᠷᠠᠭᠤᠯᠬᠤ ᠳᠤ ᠬᠠᠢᠭᠤᠯᠢᠳᠠᠬᠤ ᠂ ᠰᠢᠭᠰᠢᠬᠦ ᠂ ᠠᠩᠭᠢᠯᠠᠬᠤ ᠵᠡᠷᠭᠡ ᠠᠷᠭ᠎ᠠ ᠪᠠᠢᠨ᠎ᠠ ᠃ ᠤᠷ᠎ᠠ ᠶᠢᠨ ᠴᠢᠨᠠᠷ ᠢ ᠪᠠᠲᠤᠯᠠᠬᠤ ᠶᠢᠨ ᠲᠥᠯᠦᠭᠡ ᠂ ᠪᠣᠯᠪᠠᠰᠤᠷᠠᠭᠤᠯᠤᠯᠲᠠ ᠶᠢᠨ ᠳᠠᠷᠠᠭ᠎ᠠ ᠤᠷ᠎ᠠ ᠶᠢ ᠬᠠᠳᠠᠭᠠᠯᠠᠬᠤ ᠳᠤ ᠪᠠᠰᠠ ᠬᠠᠷᠢᠭᠤᠴᠠᠯᠠᠬᠤ ᠬᠡᠷᠡᠭᠲᠡᠢ ᠃

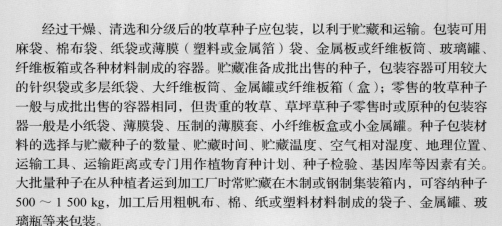

经过干燥、清选和分级后的牧草种子应包装，以利于贮藏和运输。包装可用麻袋、棉布袋、纸袋或薄膜（塑料或金属箔）袋、金属板或纤维板筒、玻璃罐、纤维板箱或各种材料制成的容器。贮藏准备成批出售的种子，包装容器可用较大的针织袋或多层纸袋、大纤维板筒、金属罐或纤维板箱（盒）；零售的牧草种子一般与成批出售的容器相同，但贵重的牧草、草坪草种子零售时或原种的包装容器一般是小纸袋、薄膜袋、压制的薄膜套、小纤维板盒或小金属罐。种子包装材料的选择与贮藏种子的数量、贮藏时间、贮藏温度、空气相对湿度、地理位置、运输工具、运输距离或专门用作植物育种计划、种子检验、基因库等因素有关。大批量种子在从种植者运到加工厂时常贮藏在木制或钢制集装箱内，可容纳种子500～1 500 kg，加工后用粗帆布、棉、纸或塑料材料制成的袋子、金属罐、玻璃瓶等来包装。

凡包装贮运的批量牧草种子要“包装定量”，一律使用标准袋，其上印有“中国牧草种子”字样。禾本科牧草种子每袋重量以25 kg为宜，豆科牧草种子每袋重量以50 kg为宜，其他科依种子容重大小而定。对于一些特别细小的草种，如猫尾草、小糠草、沙打旺、三叶草等，以及特别珍贵的草种，要在标准袋内加一层布袋，以防散漏。主要牧草种子的包装定量规定，种子袋内外都要有填写一致的种子标签，注明种子名称（中文名、学名）、质量级别、种子净重、生产单位、收获日期、经手人等项内容。填写标签要准确无误、字迹清楚、易于辨认。标签用耐磨的卡片纸或尼龙布印制，长10 cm、宽5 cm，分正反两面。栓线孔处为2～3层黏合，并加铝质“铆钉”。

(ᠲᠣᠭ᠎ᠠ ᠬᠡᠮᠵᠢᠶ᠎ᠡ) ᠢ ᠬᠦᠷᠬᠦ ::

ᠶᠢ 10 cm · ᠭᠦᠨ ᠢ 5 cm ᠬᠦᠷᠲᠡᠯ᠎ᠡ ᠨᠢᠭᠡ ᠪᠦᠯᠦᠭ ᠪᠣᠯᠭᠠᠨ ᠬᠤᠷᠢᠶᠠᠨ᠎ᠠ :: ᠲᠠᠷᠢᠬᠤ ᠲᠠᠷᠢᠮᠠᠯ ᠳᠤ 2 ~ 3 ᠵᠢᠯ ᠦᠨ ᠡᠪᠡᠰᠦ ᠢ ᠲᠠᠷᠢᠪᠠᠯ ᠰᠠᠶᠢᠨ ᠪᠣᠯᠣᠨ᠎ᠠ :: ᠦᠷ᠎ᠡ ᠶᠢ ᠬᠠᠳᠠᠭᠠᠯᠠᠬᠤ · ᠬᠠᠳᠠᠭᠠᠯᠠᠬᠤ ᠳᠤ ᠰᠠᠶᠢᠨ ᠴᠢᠨᠠᠷ ᠲᠠᠢ ᠦᠷ᠎ᠡ ᠶᠢ ᠰᠣᠩᠭᠣᠨ᠎ᠠ · ᠬᠠᠳᠠᠭᠠᠯᠠᠬᠤ ᠪᠠᠭᠠᠵᠢ · ᠬᠠᠳᠠᠭᠠᠯᠠᠬᠤ ᠠᠷᠭ᠎ᠠ ᠵᠢᠷᠤᠮ · ᠬᠠᠳᠠᠭᠠᠯᠠᠬᠤ ᠣᠷᠴᠢᠨ ᠢ ᠰᠠᠶᠢᠵᠢᠷᠠᠭᠤᠯᠬᠤ :: ᠦᠷ᠎ᠡ ᠶᠢᠨ ᠴᠢᠨᠠᠷ ᠢ ᠰᠠᠶᠢᠵᠢᠷᠠᠭᠤᠯᠬᠤ ᠶᠢᠨ ᠲᠥᠯᠦᠭ᠎ᠡ ᠦᠷ᠎ᠡ ᠶᠢ ᠰᠣᠩᠭᠣᠬᠤ ᠡᠴᠡ ᠭᠠᠳᠠᠨ᠎ᠠ ᠬᠠᠳᠠᠭᠠᠯᠠᠬᠤ ᠶᠢᠨ ᠡᠮᠦᠨ᠎ᠡ ᠦᠷ᠎ᠡ ᠶᠢᠨ ᠴᠢᠯᠢᠭ ᠢ ᠰᠢᠯᠭᠠᠨ᠎ᠠ (ᠦᠷ᠎ᠡ ᠶᠢᠨ ᠴᠢᠯᠢᠭ · ᠬᠠᠳᠠᠭᠠᠯᠠᠬᠤ ᠶᠢᠨ ᠴᠢᠯᠢᠭ) · ᠮᠡᠳᠡᠨ ᠦ ᠳᠠᠷᠠᠭ᠎ᠠ · ᠦᠷ᠎ᠡ ᠶᠢᠨ ᠬᠠᠳᠠᠭᠠᠯᠠᠯᠲᠠ ᠶᠢᠨ ᠬᠡᠮᠵᠢᠶ᠎ᠡ ᠶᠢ ᠲᠣᠭᠲᠠᠭᠠᠨ᠎ᠠ :: ᠬᠠᠳᠠᠭᠠᠯᠠᠬᠤ ᠤᠷᠤᠭᠰᠢ ᠪᠠᠨ ᠲᠠᠷᠢᠮᠠᠯ ᠤᠨ ᠳᠡᠭᠡᠷ᠎ᠡ ᠦᠷ᠎ᠡ ᠶᠢ ᠬᠠᠳᠠᠭᠠᠯᠠᠬᠤ ᠳᠤ ᠰᠠᠶᠢᠨ ᠨᠥᠬᠦᠴᠡᠯ ᠢ ᠪᠦᠷᠢᠯᠳᠦᠭᠦᠯᠦᠨ᠎ᠡ · ᠦᠷ᠎ᠡ ᠶᠢᠨ ᠬᠡᠮᠵᠢᠶ᠎ᠡ ᠶᠢ ᠲᠣᠭᠲᠠᠭᠠᠨ᠎ᠠ :: ᠭᠠᠷᠤᠯᠲᠠ ᠶᠢ ᠦᠨᠳᠦᠷ ᠪᠣᠯᠭᠠᠬᠤ ᠶᠢᠨ ᠲᠥᠯᠦᠭ᠎ᠡ ᠨᠢᠭᠡ ᠭᠡᠺᠲ᠋ᠠᠷ ᠲᠠᠷᠢᠮᠠᠯ ᠳᠤ ᠬᠢᠮᠢ ᠶᠢᠨ ᠪᠣᠷᠳᠣᠭᠠ ᠶᠢ 50 kg ᠬᠦᠷᠲᠡᠯ᠎ᠡ · ᠹᠣᠰᠹᠣᠷ ᠤᠨ ᠪᠣᠷᠳᠣᠭᠠ ᠶᠢ 25 kg ᠬᠦᠷᠲᠡᠯ᠎ᠡ ᠬᠡᠷᠡᠭᠯᠡᠨ᠎ᠡ :: ᠪᠣᠷᠳᠣᠭᠠ ᠶᠢᠨ ᠬᠡᠮᠵᠢᠶ᠎ᠡ ᠶᠢ ᠲᠣᠭᠲᠠᠭᠠᠬᠤ ᠶᠢᠨ ᠲᠥᠯᠦᠭ᠎ᠡ ᠭᠠᠵᠠᠷ ᠤᠨ ᠬᠥᠷᠥᠰᠦ ᠶᠢᠨ ᠪᠡᠶ᠎ᠡ ᠶᠢ ᠰᠢᠯᠭᠠᠨ᠎ᠠ · ᠭᠠᠵᠠᠷ ᠤᠨ ᠬᠥᠷᠥᠰᠦ ᠶᠢᠨ ᠪᠣᠷᠳᠣᠭᠠ ᠶᠢᠨ ᠠᠭᠤᠯᠭ᠎ᠠ ᠶᠢ 《ᠲᠠᠷᠢᠮᠠᠯ ᠤᠨ ᠪᠣᠷᠳᠣᠭᠠ ᠶᠢᠨ ᠬᠡᠮᠵᠢᠶ᠎ᠡ》 ᠶᠢᠨ ᠳᠠᠭᠤᠤ ᠲᠣᠭᠲᠠᠭᠠᠨ᠎ᠠ :: ᠲᠠᠷᠢᠬᠤ ᠪᠣᠷᠳᠣᠭᠠ ᠶᠢᠨ ᠬᠡᠮᠵᠢᠶ᠎ᠡ ᠶᠢ ᠪᠣᠷᠳᠣᠭᠠ ᠶᠢᠨ ᠲᠥᠷᠥᠯ ᠢ

ᠰᠣᠩᠭᠣᠬᠤ ᠳᠤ ᠲᠣᠬᠢᠷᠠᠭᠤᠯᠤᠭᠰᠠᠨ ᠪᠣᠷᠳᠣᠭᠠ ᠶᠢᠨ ᠬᠡᠮᠵᠢᠶ᠎ᠡ ᠶᠢᠨ ᠬᠦᠰᠦᠨᠦᠭ ᠢ 《ᠲᠣᠭᠲᠠᠭᠠᠬᠤ ᠪᠣᠷᠳᠣᠭᠠ ᠶᠢᠨ ᠬᠡᠮᠵᠢᠶ᠎ᠡ》 ᠭᠡᠨ᠎ᠡ · ᠬᠠᠷᠢᠨ ᠲᠣᠭᠲᠠᠭᠠᠬᠤ ᠠᠷᠭ᠎ᠠ ᠶᠢ ᠮᠠᠰᠢ ᠶᠢᠨ ᠬᠦᠴᠦ ᠪᠠᠷ ᠬᠡᠷᠡᠭᠯᠡᠨ᠎ᠡ · ᠭᠠᠷ ᠪᠠᠷ ᠬᠡᠷᠡᠭᠯᠡᠬᠦ ᠶᠢ ᠴᠥᠭᠡᠯᠡᠭᠦᠯᠦᠨ᠎ᠡ ::

ᠨᠢᠭᠡ ᠭᠡᠺᠲ᠋ᠠᠷ 500 ~1 500 kg ᠤᠨ ᠮᠠᠯ ᠤᠨ ᠪᠣᠰᠠᠭ᠎ᠠ ᠪᠣᠷᠳᠣᠭᠠ ᠶᠢ ᠬᠡᠷᠡᠭᠯᠡᠵᠦ · ᠪᠣᠷᠳᠣᠭᠠ ᠶᠢᠨ ᠠᠰᠢᠭ ᠲᠤᠰ ᠢ ᠳᠡᠭᠡᠭᠰᠢᠯᠡᠭᠦᠯᠬᠦ ᠪᠡᠷ · ᠪᠢᠴᠢᠯ ᠪᠣᠯᠭᠠᠨ᠎ᠠ · ᠲᠠᠷᠢᠮᠠᠯ ᠤᠨ ᠭᠠᠵᠠᠷ ᠤᠨ ᠲᠠᠷᠢᠮᠠᠯ ᠤᠨ ᠪᠣᠷᠳᠣᠭᠠ ᠶᠢᠨ ᠬᠡᠮᠵᠢᠶ᠎ᠡ ᠶᠢ ᠲᠣᠭᠲᠠᠭᠠᠨ᠎ᠠ :: ᠲᠠᠷᠢᠬᠤ ᠶᠢᠨ ᠡᠮᠦᠨ᠎ᠡ ᠦᠷ᠎ᠡ ᠶᠢ ᠪᠣᠯᠪᠠᠰᠤᠷᠠᠭᠤᠯᠬᠤ ᠬᠡᠷᠡᠭᠲᠡᠢ · ᠦᠷ᠎ᠡ ᠶᠢᠨ ᠪᠣᠯᠪᠠᠰᠤᠷᠠᠯ ᠤᠨ ᠠᠷᠭ᠎ᠠ · ᠦᠷ᠎ᠡ ᠶᠢᠨ ᠴᠢᠨᠠᠷ ᠢ ᠰᠢᠯᠭᠠᠬᠤ · ᠦᠷ᠎ᠡ ᠶᠢᠨ ᠴᠡᠪᠡᠷ ᠴᠢᠨᠠᠷ ᠢ ᠳᠡᠭᠡᠭᠰᠢᠯᠡᠭᠦᠯᠬᠦ ᠶᠢᠨ ᠲᠥᠯᠦᠭ᠎ᠡ · ᠦᠷ᠎ᠡ ᠶᠢᠨ ᠬᠣᠬᠢᠷᠠᠯ ᠢ ᠰᠢᠯᠭᠠᠵᠤ · ᠲᠠᠷᠢᠬᠤ ᠶᠢᠨ ᠴᠠᠭ · ᠲᠠᠷᠢᠬᠤ ᠬᠡᠯᠪᠡᠷᠢ · ᠲᠠᠷᠢᠬᠤ ᠭᠦᠨ ᠢ ᠲᠣᠭᠲᠠᠭᠠᠨ᠎ᠠ · ᠦᠷ᠎ᠡ ᠶᠢᠨ ᠴᠢᠯᠢᠭ ᠢ ᠬᠠᠮᠠᠭᠠᠯᠠᠬᠤ · ᠭᠠᠵᠠᠷ ᠤᠨ ᠴᠢᠯᠢᠭ ᠢ ᠬᠠᠮᠠᠭᠠᠯᠠᠬᠤ ᠶᠢᠨ ᠲᠥᠯᠦᠭ᠎ᠡ ᠲᠠᠷᠢᠮᠠᠯ ᠢ ᠬᠠᠳᠠᠭᠠᠯᠠᠬᠤ ᠬᠡᠷᠡᠭᠲᠡᠢ :: ᠦᠷ᠎ᠡ ᠶᠢ ᠬᠠᠳᠠᠭᠠᠯᠠᠬᠤ ᠲᠠᠷᠢᠮᠠᠯ ᠤᠨ ᠴᠢᠯᠢᠭ ᠪᠠ ᠭᠠᠵᠠᠷ ᠤᠨ ᠴᠢᠯᠢᠭ ᠲᠠᠢ ᠬᠠᠷᠢᠴᠠᠭᠤᠯᠤᠨ · ᠲᠠᠷᠢᠮᠠᠯ ᠤᠨ ᠭᠦᠨ ᠢ 1 ᠰᠠᠶᠢᠨ ᠬᠡᠮᠵᠢᠶ᠎ᠡ ᠪᠡᠷ ᠲᠣᠭᠲᠠᠭᠠᠬᠤ ᠬᠡᠷᠡᠭᠲᠡᠢ (ᠬᠠᠳᠠᠭᠠᠯᠠᠯᠲᠠ) ᠭᠡᠳᠡᠭ :: ᠲᠠᠷᠢᠮᠠᠯ ᠤᠨ ᠬᠠᠳᠠᠭᠠᠯᠠᠯᠲᠠ ᠶᠢᠨ ᠭᠦᠨ ᠢ 1 ᠰᠠᠶᠢᠨ ᠪᠣᠯᠭᠠᠬᠤ ᠳᠤ ᠭᠠᠵᠠᠷ ᠤᠨ ᠬᠠᠳᠠᠭᠠᠯᠠᠯᠲᠠ ᠶᠢᠨ ᠰᠠᠶᠢᠨ ᠴᠢᠨᠠᠷ ᠢ ᠬᠠᠩᠭᠠᠨ᠎ᠠ · ᠲᠠᠷᠢᠮᠠᠯ ᠤᠨ ᠦᠷ᠎ᠡ ᠶᠢᠨ ᠴᠢᠯᠢᠭ · ᠭᠠᠵᠠᠷ ᠤᠨ ᠴᠢᠯᠢᠭ ᠢ ᠬᠠᠮᠠᠭᠠᠯᠠᠵᠤ · ᠲᠠᠷᠢᠬᠤ ᠬᠡᠯᠪᠡᠷᠢ · ᠲᠠᠷᠢᠬᠤ ᠴᠠᠭ · ᠲᠠᠷᠢᠬᠤ ᠭᠦᠨ ᠢ ᠰᠠᠶᠢᠨ ᠲᠣᠭᠲᠠᠭᠠᠬᠤ ᠶᠢᠨ ᠲᠥᠯᠦᠭ᠎ᠡ ᠦᠷ᠎ᠡ ᠶᠢ ᠬᠠᠳᠠᠭᠠᠯᠠᠨ᠎ᠠ :: ᠲᠠᠷᠢᠮᠠᠯ ᠤᠨ ᠬᠠᠳᠠᠭᠠᠯᠠᠯᠲᠠ ᠶᠢᠨ ᠬᠡᠮᠵᠢᠶ᠎ᠡ · ᠮᠠᠯ ᠤᠨ ᠪᠣᠷᠳᠣᠭᠠ · ᠬᠢᠮᠢ ᠶᠢᠨ ᠪᠣᠷᠳᠣᠭᠠ ᠶᠢ ᠬᠣᠯᠢᠵᠤ ᠬᠡᠷᠡᠭᠯᠡᠬᠦ (ᠬᠣᠯᠢᠮᠠᠭ ᠪᠣᠷᠳᠣᠭᠠ ᠶᠢᠨ ᠬᠡᠮᠵᠢᠶ᠎ᠡ) ᠪᠣᠷᠳᠣᠭᠠ · ᠲᠠᠷᠢᠮᠠᠯ ᠤᠨ ᠦᠷ᠎ᠡ ᠶᠢᠨ ᠴᠢᠯᠢᠭ · ᠭᠠᠵᠠᠷ ᠤᠨ ᠴᠢᠯᠢᠭ · ᠮᠠᠯ ᠤᠨ ᠪᠣᠷᠳᠣᠭᠠ ᠶᠢᠨ ᠲᠠᠷᠢᠮᠠᠯ ᠤᠨ ᠬᠠᠳᠠᠭᠠᠯᠠᠯᠲᠠ ᠶᠢᠨ ᠬᠡᠮᠵᠢᠶ᠎ᠡ ᠶᠢ ᠲᠣᠭᠲᠠᠭᠠᠬᠤ ᠳᠤ ᠰᠠᠶᠢᠨ ᠪᠣᠯᠣᠨ᠎ᠠ ::

七、牧草种子的贮藏

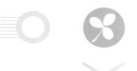

收获后的牧草种子在干燥之前或在干燥与加工之间需要短期贮藏，而收获的种子滞销时需贮藏到下一年度进行销售。因此，牧草种子一经收获，就必须贮存一定的时期。种子贮藏是包括种子在母株成熟开始至播种为止的全过程。在此期间，种子要经历不可逆的劣变过程，种子内部发生一系列的生理生化变化，且这种变化速度取决于种子收获、加工和贮藏条件。科学的贮藏可以延缓种子质量的下降，尤其是种子的活力。

(一)贮藏方法

随着我国生产的牧草种子数量迅速增加和种子市场流通数量的不断扩大，采用合理的贮藏措施减少种子在保存期间的质量变化，对于避免种用价值的下降具有重要作用。常见的种子贮藏方法有普通贮藏法、密封贮藏法和低温除湿贮藏法。

1. 普通贮藏法

普通贮藏法也称开放贮藏法，包括两方面内容：一是将充分干燥的种子用麻袋、布袋、无毒塑料编织袋、木箱等盛装种子，贮存于贮藏库里，种子未被密封，种子的温度、含水量随贮藏库内的温湿度而变化；另一种是贮藏库设有安装特殊的降温除湿设施，如果贮藏库内温度或湿度比库外高时，可利用排风换气设施进行调节，使库内的温度和湿度低于库外或与库外达到平衡。

普通贮藏方法简单、经济，适合于贮藏大批量的生产用种，贮藏期以1～2年为好，时间长了发芽率明显下降，如下表所示。

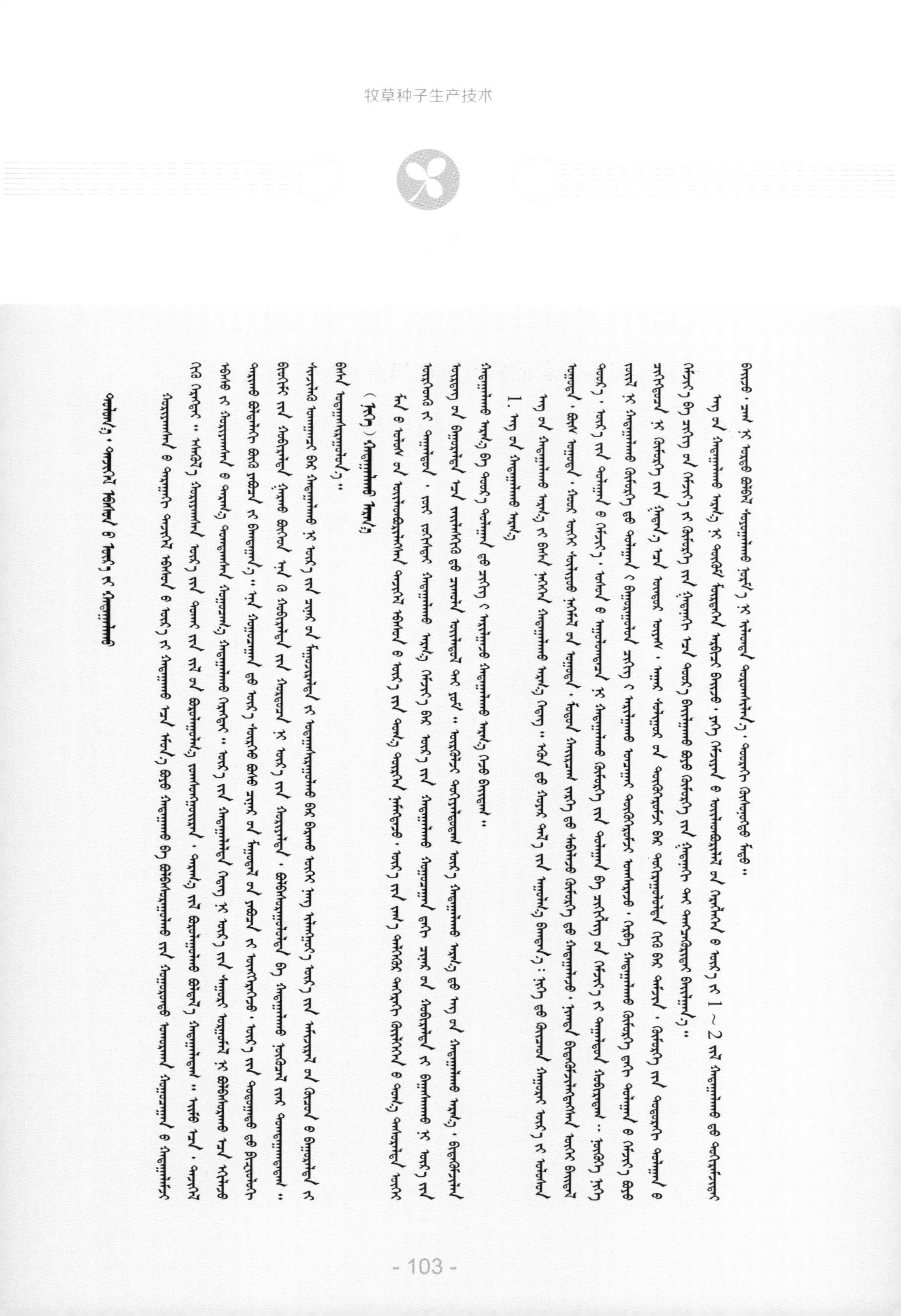

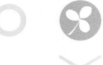

贮藏在不同条件和贮藏容器中黑麦草种子的发芽率（%）

贮藏容器	1984	1985	1990	1994	平均值
种子库（2℃，空气相对湿度10%～20%）					
玻璃罐	95.5	96.3	96.7	94.3	95.8
麻布袋	95.5	96.0	96.7	94.3	95.7
塑料袋	95.5	96.3	95.7	93.7	95.2
平均值	95.5	96.2	96.4	94.1	
冰箱（4℃，空气相对湿度70%～90%）					
玻璃罐	95.5	94.3	93.0	89.7	92.3
麻布袋	95.5	94.7	94.7	87.7	92.4
塑料袋	95.5	95.7	94.0	93.0	94.2
平均值	95.5	94.9	93.9	90.1	
仓库（5～20℃，空气相对湿度50%）					
玻璃罐	95.5	92.0	62.7	—	77.4
麻布袋	95.5	94.0	36.0	—	65.0
塑料袋	95.5	93.7	84.0	—	88.9
平均值	95.5	93.2	60.9	—	

注：表中平均值为黑麦草3个种、9个品种的均值（Lewis等，1998）。

[illegible] (%)

[illegible]	1984	1985	1990	1994	ᠳᠤᠮᠳᠠᠵᠢ ᠬᠡᠮᠵᠢᠶ᠎ᠡ
[illegible] (2℃ · [illegible] 10% ~ 20%)					
[illegible]	95.5	96.3	96.7	94.3	95.8
[illegible]	95.5	96.0	96.7	94.3	95.7
[illegible]	95.5	96.3	95.7	93.7	95.2
ᠳᠤᠮᠳᠠᠵᠢ ᠬᠡᠮᠵᠢᠶ᠎ᠡ	95.5	96.2	96.4	94.1	
[illegible] (4℃ · [illegible] 70% ~ 90%)					
[illegible]	95.5	94.3	93.0	89.7	92.3
[illegible]	95.5	94.7	94.7	87.7	92.4
[illegible]	95.5	95.7	94.0	93.0	94.2
ᠳᠤᠮᠳᠠᠵᠢ ᠬᠡᠮᠵᠢᠶ᠎ᠡ	95.5	94.9	93.9	90.1	
[illegible] (5~20℃ · [illegible] 50%)					
[illegible]	95.5	92.0	62.7	——	77.4
[illegible]	95.5	94.0	36.0	——	65.0
[illegible]	95.5	93.7	84.0	——	88.9
ᠳᠤᠮᠳᠠᠵᠢ ᠬᠡᠮᠵᠢᠶ᠎ᠡ	95.5	93.2	60.9	——	

[illegible]: [illegible] 3 [illegible] · 9 [illegible]

(Lewis ᠨᠠᠷ 1998)᠃

2. 密封贮藏法

密封贮藏法是指把种子干燥至符合密封贮藏要求的含水量标准，再用各种不同的容器或不透气的包装材料密封起来，进行贮藏。这种贮藏方法在一定的温度条件下，不仅能较长时间保持种子的发芽率，延长种子的寿命，而且便于交换和运输。在湿度变化大、雨量较多的地区，密封贮藏法贮藏种子的效果更好。

目前用于密封贮藏种子的容器有玻璃瓶、干燥箱、罐、铝箔袋、聚乙烯薄膜等。

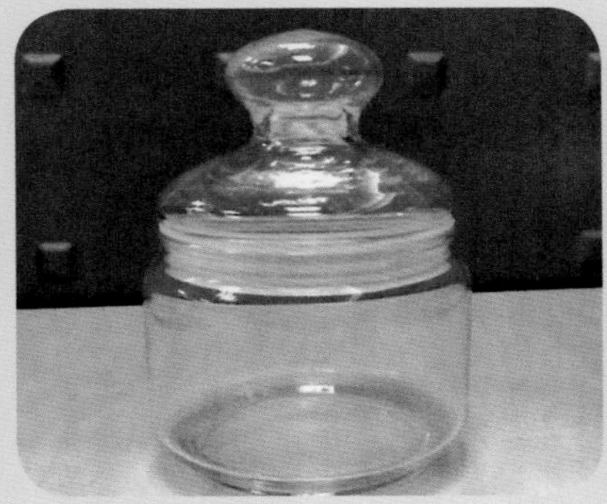

玻璃瓶

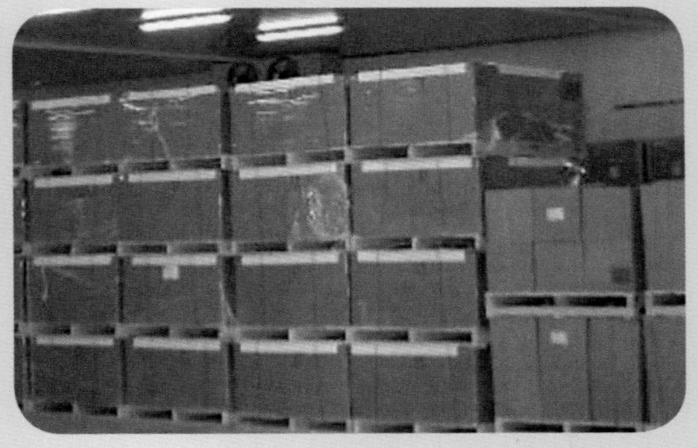

干燥箱

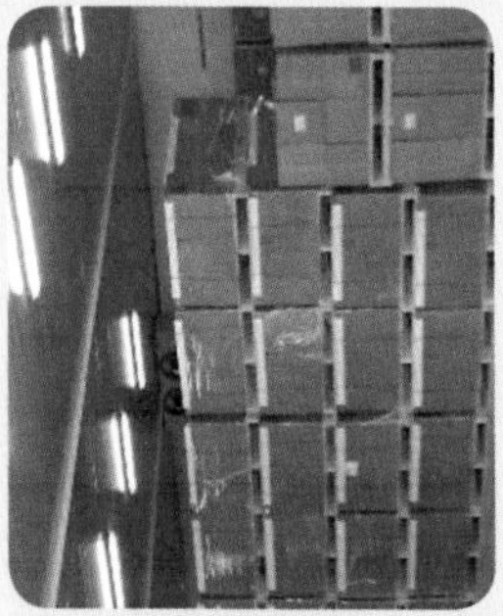

ᠬᠠᠳᠠᠭᠠᠯᠠᠬᠤ ᠠᠭᠤᠯᠠᠬᠤ

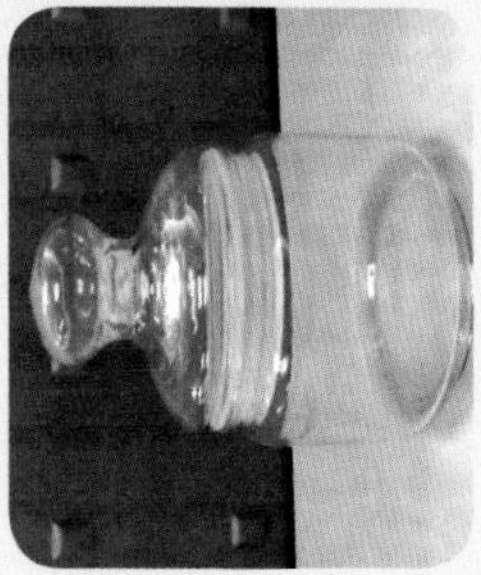

ᠰᠢᠯ ᠪᠠᠩᠬᠠ

ᠪᠣᠯᠪᠠᠰᠤᠷᠠᠭᠤᠯᠬᠤ ᠬᠡᠷᠡᠭᠲᠡᠢ ᠪᠣᠢ ::

ᠬᠠᠳᠠᠭᠠᠯᠠᠭᠠᠳ ᠤ ᠦᠷ᠎ᠡ ᠶᠢ ᠪᠣᠭᠣᠳᠠᠭᠠᠯᠠᠭᠰᠠᠨ ᠬᠠᠳᠠᠭᠠᠯᠠᠬᠤ ᠰᠠᠪᠠ ᠪᠣᠯ ᠰᠢᠯ ᠪᠠᠩᠬᠠ ᠂ ᠬᠠᠳᠠᠭᠠᠯᠠᠬᠤ ᠠᠭᠤᠯᠠᠮᠵᠢ ᠂ ᠪᠠᠩᠬᠠ ᠂ [illegible] ᠂ [illegible] ᠵᠢᠷᠤᠭ ᠤᠨ ᠬᠡᠯᠪᠡᠷᠢ ᠮᠡᠲᠦ ᠬᠡᠷᠡᠭᠯᠡᠭᠦᠷ ᠢ ᠬᠡᠷᠡᠭᠯᠡᠨ᠎ᠡ ::

[illegible]

2. ᠪᠣᠭᠣᠳᠠᠭᠠᠯᠠᠬᠤ ᠬᠠᠳᠠᠭᠠᠯᠠᠬᠤ ᠠᠷᠭ᠎ᠠ

3. 低温除湿贮藏法

大型种子冷藏库中装备冷冻机和除湿机等设施，将贮藏库内的温度降至15℃以下、相对湿度降至50%以下，加强了种子贮藏的安全性，延长了种子的寿命。

将种子置于一定的低温条件下贮藏，可抑制种子呼吸作用过于旺盛，并能抑制病虫、微生物的生长繁育。温度在15℃以下时，种子自身的呼吸强度比常温下小得多，甚至非常微弱，种子的营养物质分解损失显著减少，一般贮藏库内的害虫不能发育繁殖，绝大多数危害种子的微生物也不能生长，取得了种子安全贮藏的效果。

冷藏库中的温度越低，种子保存的时间越长；在一定的温度条件下，原始含水量越低，种子保存的时间越长。

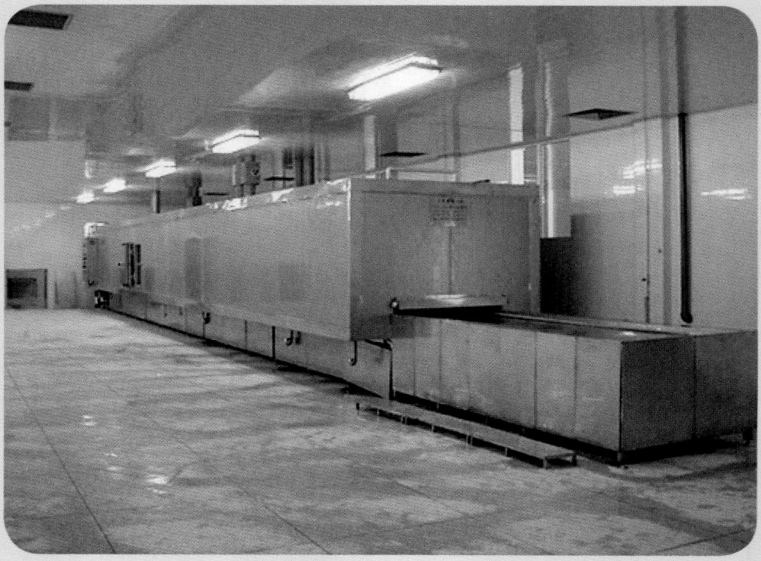

冷藏库

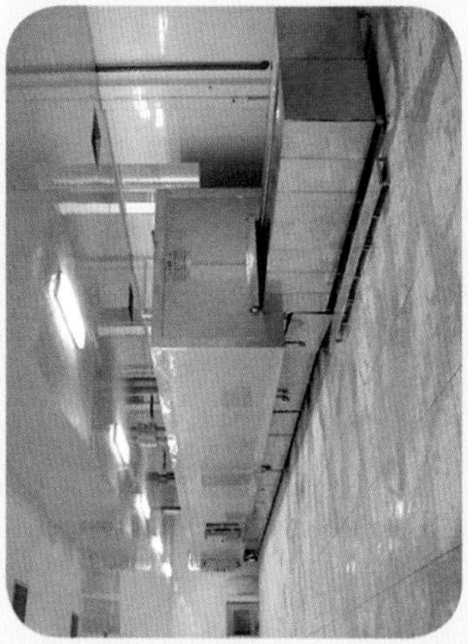

（二）贮藏库类型

1. 普通贮藏库

普通贮藏库利用换气扇来调节库内温度和湿度，种子可贮藏1～2年。普通贮藏库要坐北朝南，要有良好的密封和通风换气性能。由于通风换气是根据冷气对流原理进行的，因此，库门、库窗的位置应是南北对称。窗户以钢质翻窗最好，有利于开关，而且严密可靠。窗户的位置高低适中，过高则屋檐影响通风透光，过低则影响库的利用率。

普通贮藏库应选择在地势高、气候干燥、冬暖夏凉的地区或场地，严防库址积水或地面渗水。库址应选在居民稀少、周围无高大建筑的地方，以利于仓库的透风换气。普通库的贮藏时间短，需要频繁运输，故贮藏库应选择在交通方便的地方，便于种子的调运。

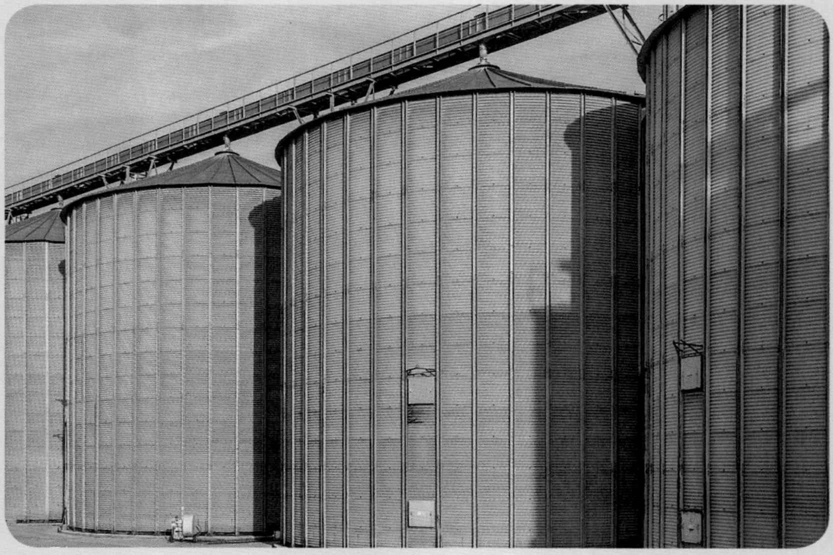

种子贮藏库

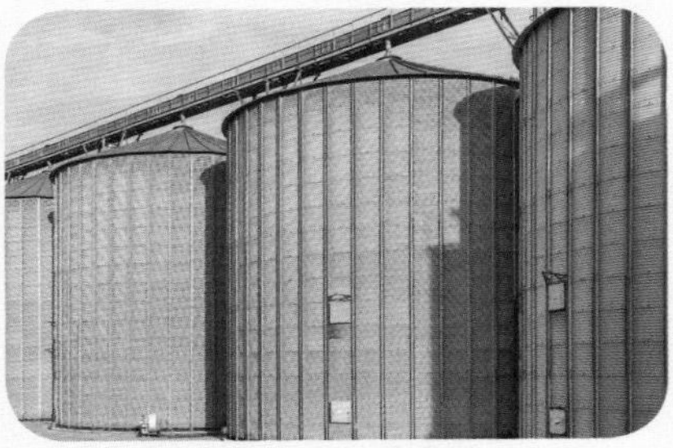

2. 冷藏库

冷藏库装有冷冻机和除湿机以调节库内温度和湿度，一般可贮藏3 ～ 4年或更长一些。为了隔绝外界的热源和水分，种子贮藏室的墙壁、天花板和地板都必须能够很好地隔热和防潮。地板隔离材料通常要铺设一层热沥青的地基，隔热材料有纤维玻璃、泡沫喷涂、苯乙烯泡沫塑料等。天花板和墙壁通常用1.3 cm或更厚的水泥灰料涂上。

冷藏库不能开设窗户，门也必须很好地隔热和密封。大多数种子冷藏采用强制通风，使冷空气流过冷却旋管，然后分布到整个冷藏库内。大面积的房间则由管道系统使冷空气均匀分布于整个冷藏库。大部分冷藏库采取机械冷冻系统，冷藏库常常用液态或固态干燥剂的除湿器与冷冻过程相结合，或采取冷冻型除湿器吸引潮湿热空气，排到室外。

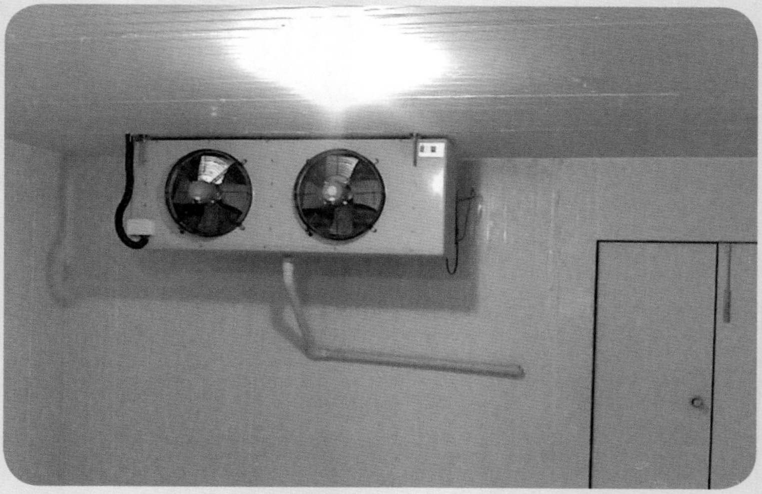

冷藏库机械冷冻系统

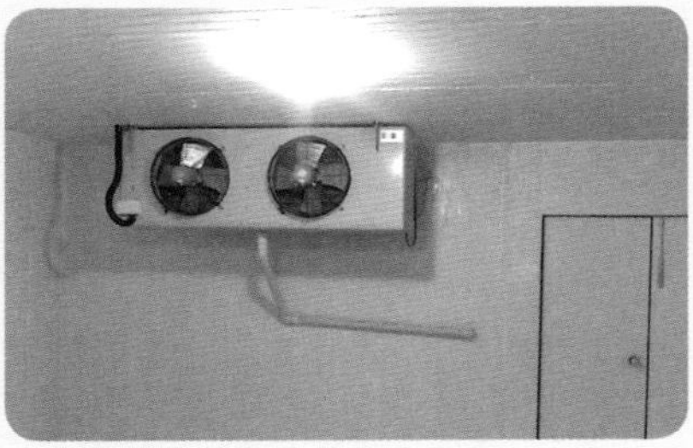

[illegible]

[illegible]

[illegible] 1.3 cm [illegible]

[illegible] 3 ~ 4 [illegible]

2. [illegible]

3. 牧草种质资源库

以保存牧草种质资源为目的的贮藏库，一般以贮藏种子为主。美国、中国、日本等都有大型种质资源贮藏库。采用现代化的科学技术，建设低温、干燥、密封等理想贮藏条件的种子贮藏库，用以长期保持各种种质的生活力。依据条件可保存种子生活力达到几十年、几百年乃至上千年。在长期的贮藏过程中，种子材料每隔10年、20年或30年更新一次。

根据贮藏年限的长短，种质资源贮藏库分为长期库和中期库。

（1）长期库亦称基础库，贮藏环境通常为−20 ～−10℃，种子含水量为5%左右，种子贮藏期限为50 ～ 100年，长期库的重要特点是作保险性贮藏，一般不对育种家作资源分发，除非该资源无法从任何一个中期库取得。

（2）中期库亦称活期库，此类库为数众多，其贮藏条件是温度不高于15℃，种子含水量9%左右，种子的贮藏寿命为10 ～ 20年，此类种质库对育种家分发育种材料。

我国目前有作物（包括牧草）种质资源长期库一座，牧草种质资源中期库两座。

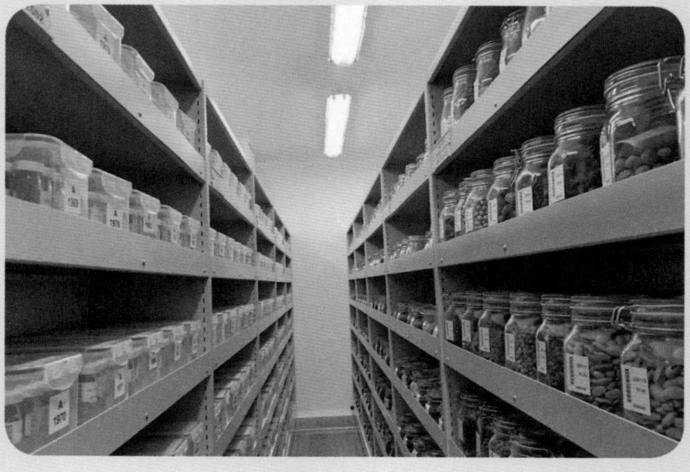

种子中期库

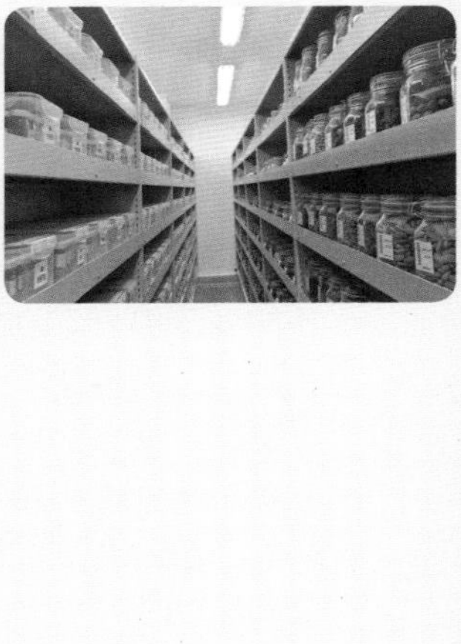

ᠦᠷ᠎ᠡ ᠶᠢᠨ ᠪᠠᠭᠠ ᠳᠤᠯᠠᠭᠠᠨ ᠬᠠᠳᠠᠭᠠᠯᠠᠯᠲᠠ ᠶᠢᠨ ᠪᠠᠶᠢᠳᠠᠯ

ᠬᠣᠷᠢᠶ᠎ᠠ ᠪᠠ ᠦᠷ᠎ᠡ ᠲᠡᠷ᠎ᠡ ᠮᠠᠯ ᠤᠨ ᠡᠪᠡᠰᠦ ᠶᠢᠨ ᠪᠠᠭᠠ ᠳᠤᠯᠠᠭᠠᠨ ᠬᠠᠳᠠᠭᠠᠯᠠᠯᠲᠠ ᠶᠢᠨ ᠪᠠᠶᠢᠳᠠᠯ ᠬᠡᠷᠡᠭ ᠪᠣᠯᠤᠨ᠎ᠠ ᠃

ᠬᠡᠯᠪᠡᠷ ᠪᠠ ᠳᠤᠮᠳᠠ ᠳᠡᠭᠡᠳᠦ ᠳᠤᠯᠠᠭᠠᠨ（ᠡᠷᠬᠢᠮ ᠬᠣᠷᠢᠶ᠎ᠠ ᠶᠢ ᠪᠣᠯᠪᠠᠰᠤᠷᠠᠭᠤᠯᠤᠨ᠎ᠠ）ᠤᠨ ᠦᠷ᠎ᠡ ᠲᠡᠷ᠎ᠡ ᠮᠠᠯ ᠤᠨ ᠡᠪᠡᠰᠦ ᠶᠢᠨ ᠳᠤᠮᠳᠠ ᠳᠤᠯᠠᠭᠠᠨ ᠬᠠᠳᠠᠭᠠᠯᠠᠯᠲᠠ ᠶᠢᠨ ᠪᠠᠶᠢᠳᠠᠯ ᠬᠡᠷᠡᠭ ᠪᠣᠯᠤᠨ᠎ᠠ ᠂ ᠡᠷᠬᠢᠮ ᠬᠠᠳᠠᠭᠠᠯᠠᠯᠲᠠ ᠶᠢᠨ ᠬᠤᠭᠤᠴᠠᠭ᠎ᠠ 10 ~ 20 ᠵᠢᠯ ᠬᠦᠷᠦᠨ᠎ᠡ ᠂ ᠬᠠᠳᠠᠭᠠᠯᠠᠬᠤ ᠦᠷ᠎ᠡ ᠶᠢᠨ ᠪᠠᠶᠢᠳᠠᠯ ᠢ ᠦᠷ᠎ᠡ ᠶᠢᠨ ᠴᠢᠳᠠᠪᠬᠢ ᠳᠤ ᠦᠷ᠎ᠡ ᠶᠢᠨ ᠴᠢᠳᠠᠪᠬᠢ ᠶᠢ ᠬᠠᠮᠢᠭᠠᠯᠠᠨ᠎ᠠ ᠃ ᠬᠠᠳᠠᠭᠠᠯᠠᠬᠤ ᠭᠠᠵᠠᠷ ᠤᠨ ᠳᠤᠯᠠᠭᠠᠨ ᠤ ᠬᠡᠮ ᠨᠢ 15°C ᠡᠴᠡ ᠳᠣᠣᠷ᠎ᠠ ᠪᠠᠶᠢᠬᠤ ᠂ ᠦᠷ᠎ᠡ ᠶᠢᠨ ᠤᠰᠤᠨ ᠤ ᠬᠡᠮᠵᠢᠶ᠎ᠡ ᠨᠢ 9% ᠡᠴᠡ ᠳᠣᠣᠷ᠎ᠠ ᠪᠠᠶᠢᠬᠤ ᠂ ᠦᠷ᠎ᠡ ᠶᠢᠨ ᠬᠠᠳᠠᠭᠠᠯᠠᠬᠤ ᠰᠠᠪ ᠢ ᠪᠠᠭᠯᠠᠭᠠᠯᠠᠨ᠎ᠠ ᠃

（2）ᠪᠠᠭᠠ ᠳᠤᠯᠠᠭᠠᠨ ᠬᠠᠳᠠᠭᠠᠯᠠᠯᠲᠠ ᠶᠢᠨ ᠪᠠᠶᠢᠳᠠᠯ ᠢ ᠪᠣᠯ ᠦᠷ᠎ᠡ ᠶᠢᠨ ᠬᠠᠳᠠᠭᠠᠯᠠᠯᠲᠠ ᠶᠢᠨ ᠪᠠᠶᠢᠳᠠᠯ ᠭᠡᠳᠡᠭ ᠂ ᠬᠠᠳᠠᠭᠠᠯᠠᠬᠤ ᠬᠤᠭᠤᠴᠠᠭ᠎ᠠ ᠤᠨ ᠪᠠᠶᠢᠳᠠᠯ ᠢ ᠤᠷᠲᠤ ᠪᠣᠯᠭᠠᠨ᠎ᠠ ᠃ ᠡᠨᠡ ᠪᠣᠯ ᠦᠷ᠎ᠡ ᠶᠢᠨ ᠬᠠᠳᠠᠭᠠᠯᠠᠯᠲᠠ ᠶᠢᠨ ᠪᠠᠶᠢᠳᠠᠯ ᠤᠨ ᠨᠢᠭᠡ ᠴᠢᠬᠤᠯᠠ ᠬᠡᠯᠪᠡᠷ ᠪᠣᠯᠤᠨ᠎ᠠ ᠂ ᠦᠷ᠎ᠡ ᠶᠢᠨ ᠨᠠᠰᠤ ᠶᠢ ᠤᠷᠲᠤ ᠬᠠᠳᠠᠭᠠᠯᠠᠨ᠎ᠠ ᠃

（1）ᠳᠤᠮᠳᠠ ᠬᠠᠳᠠᠭᠠᠯᠠᠯᠲᠠ ᠶᠢᠨ ᠪᠠᠶᠢᠳᠠᠯ ᠢ ᠪᠣᠯ ᠪᠠᠭᠠ ᠳᠤᠯᠠᠭᠠᠨ ᠬᠠᠳᠠᠭᠠᠯᠠᠯᠲᠠ ᠭᠡᠳᠡᠭ ᠃ ᠬᠠᠳᠠᠭᠠᠯᠠᠬᠤ ᠭᠠᠵᠠᠷ ᠤᠨ ᠳᠤᠯᠠᠭᠠᠨ ᠤ ᠬᠡᠮ ᠨᠢ -20 ~ -10°C ᠪᠣᠯᠵᠤ ᠂ ᠦᠷ᠎ᠡ ᠶᠢᠨ ᠤᠰᠤᠨ ᠤ ᠬᠡᠮᠵᠢᠶ᠎ᠡ ᠨᠢ 5% ᠡᠴᠡ ᠳᠣᠣᠷ᠎ᠠ ᠪᠣᠯᠵᠤ ᠂ ᠦᠷ᠎ᠡ ᠶᠢᠨ ᠬᠠᠳᠠᠭᠠᠯᠠᠬᠤ ᠬᠤᠭᠤᠴᠠᠭ᠎ᠠ ᠨᠢ 50 ~ 100 ᠵᠢᠯ ᠬᠦᠷᠦᠨ᠎ᠡ ᠃ ᠳᠤᠮᠳᠠ ᠬᠠᠳᠠᠭᠠᠯᠠᠯᠲᠠ ᠶᠢᠨ ᠪᠠᠶᠢᠳᠠᠯ ᠤᠨ ᠵᠣᠷᠢᠯᠭ᠎ᠠ ᠨᠢ ᠦᠷ᠎ᠡ ᠶᠢᠨ ᠨᠠᠰᠤ ᠶᠢ ᠤᠷᠲᠤ ᠪᠣᠯᠭᠠᠬᠤ ᠳᠤ ᠣᠷᠣᠰᠢᠨ᠎ᠠ ᠃

ᠬᠠᠳᠠᠭᠠᠯᠠᠬᠤ ᠦᠶ᠎ᠡ ᠳᠦ ᠦᠷ᠎ᠡ ᠶᠢᠨ ᠡᠷᠡᠭᠦᠯ ᠮᠡᠨᠳᠦ ᠶᠢ ᠰᠢᠯᠭᠠᠵᠤ ᠂ ᠦᠷ᠎ᠡ ᠶᠢᠨ ᠴᠢᠳᠠᠪᠬᠢ ᠶᠢ ᠬᠠᠳᠠᠭᠠᠯᠠᠬᠤ ᠪᠠᠶᠢᠳᠠᠯ ᠢ ᠲᠤᠭᠠᠷ ᠬᠢᠨᠠᠨ ᠰᠢᠯᠭᠠᠬᠤ ᠬᠡᠷᠡᠭᠲᠡᠢ ᠃

ᠴᠢᠳᠠᠪᠬᠢ ᠶᠢᠨ ᠰᠢᠯᠭᠠᠯᠲᠠ ᠶᠢ ᠲᠣᠭᠲᠠᠮᠠᠯ ᠬᠤᠭᠤᠴᠠᠭ᠎ᠠ ᠳᠤ ᠶᠠᠪᠤᠭᠤᠯᠤᠨ᠎ᠠ ᠃ ᠳᠤᠮᠳᠠ ᠬᠠᠳᠠᠭᠠᠯᠠᠯᠲᠠ ᠶᠢᠨ ᠦᠷ᠎ᠡ ᠶᠢ ᠨᠢᠭᠡ ᠦᠷ᠎ᠡ ᠶᠢᠨ ᠬᠤᠭᠤᠴᠠᠭ᠎ᠠ ᠳᠤ 10 ᠵᠢᠯ ᠂ 20 ᠵᠢᠯ ᠪᠤᠶᠤ 30 ᠵᠢᠯ ᠪᠣᠯᠭᠠᠨ ᠂ ᠦᠷ᠎ᠡ ᠶᠢᠨ ᠴᠢᠳᠠᠪᠬᠢ ᠶᠢᠨ ᠦᠵᠦᠭᠦᠷ ᠲᠦ ᠬᠦᠷᠦᠭᠰᠡᠨ ᠦᠷ᠎ᠡ ᠶᠢ ᠳᠠᠬᠢᠨ ᠲᠠᠷᠢᠵᠤ ᠂ ᠰᠢᠨ᠎ᠡ ᠦᠷ᠎ᠡ ᠶᠢ ᠬᠤᠷᠢᠶᠠᠨ ᠠᠪᠤᠭᠠᠳ ᠂ ᠬᠠᠳᠠᠭᠠᠯᠠᠬᠤ ᠶᠢ ᠪᠠᠢᠩᠭᠤ ᠪᠣᠯᠭᠠᠨ ᠂ ᠤᠭᠰᠠᠭ᠎ᠠ ᠂ ᠲᠡᠷᠡᠭᠦᠯ ᠂ ᠪᠦᠯᠦᠭ ᠦᠨ ᠦᠷ᠎ᠡ ᠶᠢᠨ ᠬᠠᠳᠠᠭᠠᠯᠠᠬᠤ ᠴᠢᠳᠠᠪᠬᠢ ᠶᠢ ᠪᠠᠲᠤᠯᠠᠨ ᠂ ᠪᠠᠭᠠ ᠳᠤᠯᠠᠭᠠᠨ ᠬᠠᠳᠠᠭᠠᠯᠠᠯᠲᠠ ᠶᠢᠨ ᠦᠷ᠎ᠡ ᠶᠢ ᠬᠠᠮᠢᠭᠠᠯᠠᠬᠤ ᠪᠠᠶᠢᠳᠠᠯ ᠳᠤ ᠬᠦᠷᠭᠡᠨ᠎ᠡ ᠃ ᠡᠨᠡ ᠨᠢ ᠣᠯᠠᠨ ᠤᠯᠤᠰ ᠤᠨ ᠬᠡᠮᠵᠢᠶᠡᠨ ᠳᠦ ᠦᠷ᠎ᠡ ᠶᠢᠨ ᠬᠠᠳᠠᠭᠠᠯᠠᠯᠲᠠ ᠶᠢᠨ ᠴᠢᠳᠠᠪᠬᠢ ᠪᠣᠯᠤᠨ᠎ᠠ ᠃

3. ᠡᠷᠬᠢᠮ ᠬᠣᠷᠢᠶ᠎ᠠ ᠪᠠ ᠦᠷ᠎ᠡ ᠲᠡᠷ᠎ᠡ ᠮᠠᠯ ᠤᠨ ᠡᠪᠡᠰᠦ ᠶᠢᠨ ᠪᠠᠶᠢᠳᠠᠯ

4. 种子贮藏库建设过程中的注意事项

第一，种子贮藏库绝对不允许雨、雪、地面积水或其他任何来源的水与种子接触。贮藏期间种子水分太高会加快呼吸作用、发热和霉菌生长，有时会促使种子萌动，这些都会降低种子的品质。种子仓库建筑的屋顶和墙壁上，必须消除小洞和裂缝，否则雨水和雪水将进入仓库。木制板壁和屋顶上的裂缝与节孔必须填补，金属建筑物上的所有螺栓、螺钉都应加橡皮垫圈。土壤中的水分与种子接触后易被种子吸收，因此仓库建筑必须设具防水层的地板（地坪）。一般用沥青或油毡作地坪。仓库内墙面在种子堆高以下要刷沥青防潮。

第二，各种牧草特别是不同品种的种子间不易区别，所以每个种子批在贮藏时必须防止其他种子批种子的混入。贮藏库中对于散装贮藏的种或品种必须设有单独的仓库廒间。包装贮藏的种或品种必须分别堆垛。种子也可放在集装箱内。所有的袋、箱和仓库廒间必须细心、明显地贴有标签。

第三，仓库必须采取鼠类预防措施，减少鼠类采食和拖散混杂种子。金属和水泥建筑通常能提供很好的防鼠措施。仓库中应堵塞鼠类的进路，如墙壁和地板的裂缝、洞眼和未加网罩的气孔。仓内配备盖子紧密的铁柜也具有防鼠性能，布袋也可经过处理来预防鼠害。

一座完善的仓库应使其中部分或全部在任何时候都可进行熏蒸，以控制害虫。每次仓库出空后进行彻底清理和熏蒸消毒，可使害虫减少到最低限度。袋装或箱装的贮藏场地应经常保持清洁，消灭害虫滋生的场所。

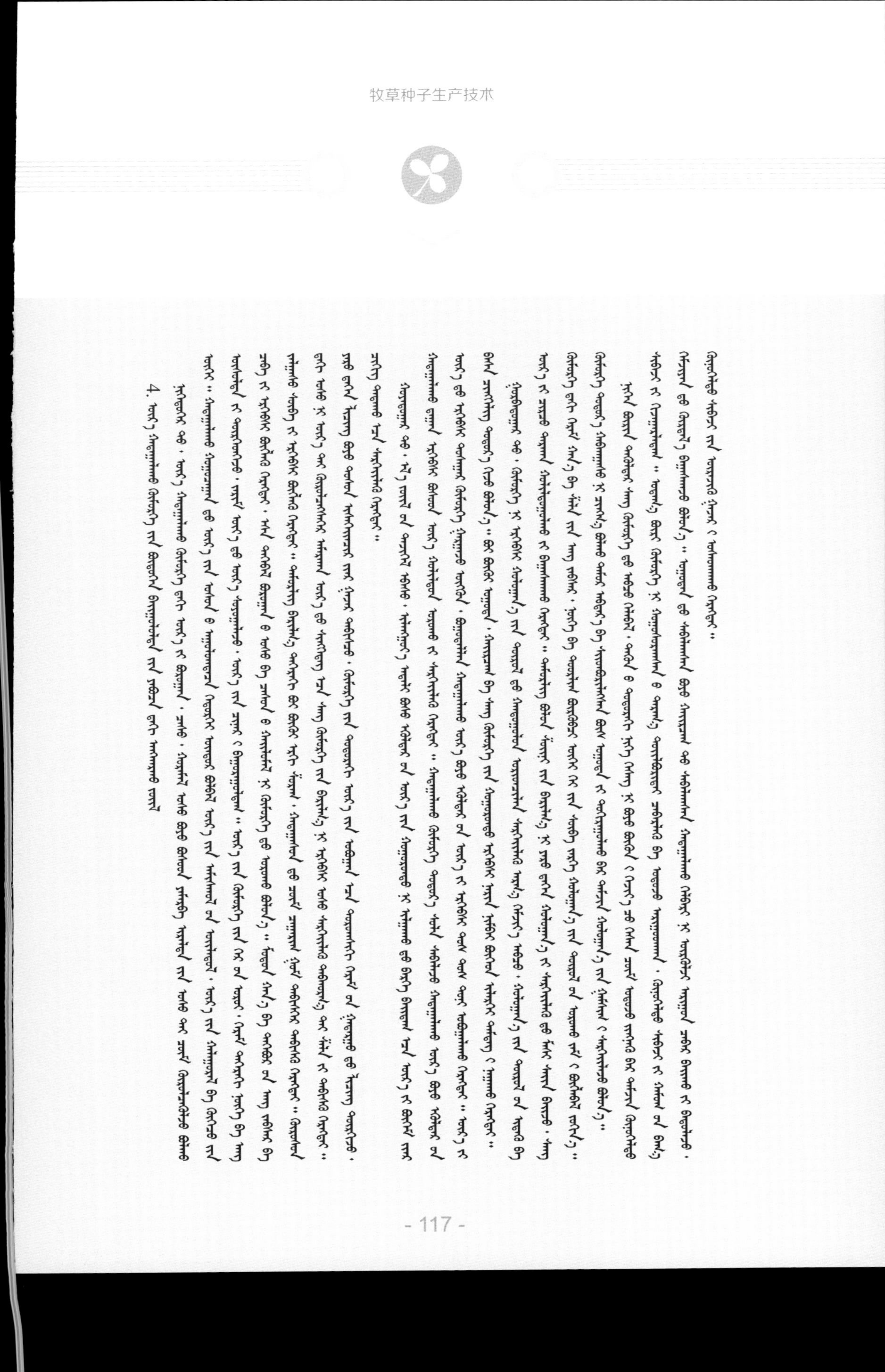

第四，木制仓库火灾的隐患最大，作为种子仓库的木材要进行化学处理防止燃烧。木制建筑的内部和周围进行清洁处理，可减少火灾的危险。所有仓库建筑物，要配备专门的防尘、防火电源插头和开关，减少因电引起着火的机会。虽然金属和水泥建筑能够防火，但这种建筑中也应安装电路起火预防设备，因为火花可能引起灰烬的爆炸和着火。

温度和湿度特别高的地区，为了保持种子的品质，防止种子堆发热或起火，应控制仓库的温度和湿度。

（三）贮藏期间的管理

种子是活的有机体，在贮藏期间会发生许多变化。为了保持种子生活力，延缓贮藏种子的衰老，贮藏期间的管理至关重要。

1. 入库前的准备及入库

对尚在贮藏种子的仓库进行整理和清理，清除散落的异种或异品种的种子、杂质和垃圾等。凡用来盛装种子的容器、木箱和麻袋都要进行彻底清理。还要清除虫窝和补漏洞，然后进行药物消毒。消毒方法常采用喷洒药物和熏蒸。空仓消毒常用的药物有敌敌畏和马拉硫磷。用敌敌畏消毒时，每立方米用80%的敌敌畏乳油100 mg，方法是将80%的敌敌畏乳油1 ～ 2 g兑水1 kg，配成0.1% ～ 0.2%的稀释液喷雾，或将敌敌畏药液洒在麻袋上挂起来熏蒸。施药后密闭门窗48 ～ 72小时，然后通风24小时，方可入库。此外，还要检查贮藏库的防鸟、防鼠措施。

入库前的种子要进行清选、干燥和质量分级，使种子含水量控制在安全水分含量的范围内。根据产地、收获季节、含水量、净度等分批包装，注明种子的产地、收获期、种类、认证级别、质量指标、种子批号等。

ᠲᠤᠰᠬᠠᠢ ᠬᠡᠮᠵᠢᠶ᠎ᠡ ᠪᠡᠷ ᠬᠣᠣᠰᠣᠯᠠᠭᠳᠠᠭᠤᠯᠤᠨ᠎ᠠ ᠄

ᠪᠣᠳᠣᠭᠠᠯᠲᠠ᠂ ᠦᠷ᠎ᠡ ᠶᠢᠨ ᠬᠣᠣᠷᠠᠭᠠᠢ᠂ ᠬᠣᠷᠤᠭᠰᠠᠨ ᠦᠷ᠎ᠡ᠂ ᠬᠣᠭ ᠪᠤᠬᠤᠢ᠂ ᠬᠠᠮᠢᠶᠠᠷᠠᠬᠤ ᠦᠭᠡᠢ᠂ ᠴᠢᠭᠢᠭ ᠲᠠᠢ ᠪᠣᠯᠪᠠᠯ᠂ ᠦᠷ᠎ᠡ ᠶᠢᠨ ᠬᠠᠳᠠᠭᠠᠯᠠᠮᠵᠢ ᠶᠢ ᠪᠠᠭᠤᠷᠠᠭᠤᠯᠤᠨ᠎ᠠ ᠄ ᠬᠣᠣᠷᠠᠬᠠᠢ ᠶᠢᠨ ᠬᠣᠣᠷᠠ ᠶᠢᠨ ᠬᠡᠮᠵᠢᠶ᠎ᠡ ᠬᠣᠣᠷᠠᠯᠠᠭᠳᠠᠬᠤ ᠭᠡᠵᠦ ᠪᠣᠯᠤᠨ᠎ᠠ ᠄ ᠬᠠᠳᠠᠭᠠᠯᠠᠬᠤ ᠳᠤ ᠬᠣᠣᠷᠠᠬᠠᠢ ᠶᠢᠨ ᠬᠣᠣᠷᠠ ᠶᠢ ᠦᠵᠡᠬᠦ ᠪᠡᠷ᠂ ᠦᠷ᠎ᠡ ᠶᠢᠨ ᠬᠡᠮᠵᠢᠶ᠎ᠡ ᠪᠡᠨ ᠬᠡᠮᠵᠢᠵᠦ ᠪᠣᠯᠬᠤ ᠶᠢᠨ ᠬᠠᠮᠲᠤ ᠬᠢᠵᠦ ᠪᠣᠯᠤᠨ᠎ᠠ ᠄ ᠬᠠᠳᠠᠭᠠᠯᠠᠬᠤ ᠦᠶ᠎ᠡ ᠳᠦ ᠬᠣᠣᠷᠣᠯᠠᠬᠤ ᠪᠣᠳᠠᠰ ᠢᠶᠠᠷ ᠢᠯᠠᠵᠤ ᠪᠣᠯᠤᠨ᠎ᠠ ᠄ ᠬᠠᠮᠤᠭ ᠤᠨ ᠪᠠᠭ᠎ᠠ ᠳᠠᠭᠠᠨ ᠳᠤ 48 ~ 72 ᠴᠠᠭ ᠪᠣᠯᠬᠤ᠂ ᠡᠰᠡᠬᠦ 24 ᠴᠠᠭ ᠲᠤ ᠬᠣᠣᠷᠠᠯᠠᠭᠤᠯᠬᠤ ᠬᠡᠷᠡᠭᠲᠡᠢ ᠄ 1 kg ᠦᠷ᠎ᠡ ᠳᠦ 0.1% ~ 0.2% ᠤᠨ ᠬᠡᠮᠵᠢᠶ᠎ᠡ ᠲᠡᠢ ᠬᠣᠣᠷᠠ ᠪᠡᠷ ᠦᠷ᠎ᠡ ᠶᠢ ᠬᠣᠣᠷᠠᠯᠠᠨ᠎ᠠ᠂ ᠡᠰᠡᠬᠦ 80 % ᠤᠨ ᠳᠢ ᠳᠢ ᠸᠧᠢ (敌敌畏乳油) ᠢ 100 mg ᠬᠡᠷᠡᠭᠯᠡᠨ᠎ᠡ᠂ ᠡᠰᠡᠬᠦ 1 ~ 2 g ᠪᠣᠯᠣᠨ 80 % ᠤᠨ ᠳᠢ ᠳᠢ ᠸᠧᠢ (敌敌畏) ᠪᠠ ᠮᠠ ᠯᠠ ᠯᠢᠦ ᠯᠢᠨ (马拉硫磷) ᠬᠢᠬᠦ ᠄ ᠳᠢ ᠳᠢ ᠸᠧᠢ ᠶᠢᠨ ᠬᠣᠣᠷᠠᠯᠠᠬᠤ ᠬᠦᠴᠦᠨ ᠢ ᠬᠡᠮᠵᠢᠵᠦ ᠪᠣᠯᠬᠤ ᠪᠡᠷ᠂ ᠬᠡᠮᠵᠢᠶ᠎ᠡ ᠶᠢᠨ ᠨᠢᠭᠡ ᠢᠵᠢᠯ ᠬᠠᠮᠤᠭᠯᠠᠭᠳᠠᠨ᠎ᠠ ᠄ ᠬᠣᠣᠷᠠᠬᠠᠢ ᠶᠢ ᠬᠣᠣᠷᠠᠯᠠᠬᠤ ᠳᠤ᠂ ᠦᠷ᠎ᠡ ᠶᠢ ᠪᠣᠯᠭᠣᠮᠵᠢᠲᠠᠢ ᠪᠠᠢᠯᠭᠠᠨ᠎ᠠ ᠄ ᠬᠣᠣᠷᠠᠯᠠᠬᠤ ᠬᠡᠮᠵᠢᠶ᠎ᠡ ᠶᠢ ᠬᠡᠲᠦᠷᠡᠭᠦᠯᠬᠦ ᠦᠭᠡᠢ᠂ ᠦᠷ᠎ᠡ ᠶᠢᠨ ᠰᠠᠭᠤᠷᠢ ᠳᠤ ᠬᠣᠣᠷ ᠦᠭᠡᠢ ᠪᠣᠯᠭᠠᠬᠤ ᠬᠡᠷᠡᠭᠲᠡᠢ ᠄

1. ᠪᠣᠯᠪᠠᠰᠤᠷᠠᠭᠤᠯᠬᠤ ᠪᠠ ᠬᠠᠳᠠᠭᠠᠯᠠᠬᠤ ᠶᠢᠨ ᠬᠡᠷᠡᠭ ᠳᠦ ᠬᠠᠮᠢᠶᠠᠷᠠᠬᠤ ᠬᠠᠷᠢᠭᠤᠴᠠᠯᠭ᠎ᠠ ᠶᠢᠨ ᠬᠣᠣᠷᠣᠨᠳᠣ ᠪᠣᠯᠪᠠᠰᠤᠷᠠᠯ ᠪᠣᠯᠤᠨ᠎ᠠ ᠄

ᠦᠷ᠎ᠡ ᠶᠢᠨ ᠬᠠᠳᠠᠭᠠᠯᠠᠮᠵᠢ ᠶᠢᠨ ᠲᠡᠮᠳᠡᠭ᠂ ᠬᠠᠳᠠᠭᠠᠯᠠᠬᠤ ᠪᠠᠢᠷᠢ ᠶᠢᠨ ᠲᠡᠮᠳᠡᠭ ᠪᠣᠯᠪᠠᠰᠤᠷᠠᠯ ᠤᠨ ᠬᠡᠮᠵᠢᠶ᠎ᠡ ᠳᠦ ᠬᠠᠮᠢᠶᠠᠷᠠᠨ᠎ᠠ ᠄ ᠦᠷ᠎ᠡ ᠶᠢᠨ ᠬᠠᠳᠠᠭᠠᠯᠠᠮᠵᠢ ᠶᠢᠨ ᠰᠠᠢᠨ ᠮᠠᠭᠤ᠂ ᠦᠷ᠎ᠡ ᠶᠢᠨ ᠴᠢᠨᠠᠷ ᠤᠨ ᠪᠠᠢᠳᠠᠯ ᠢ ᠪᠠᠲᠤᠯᠠᠬᠤ ᠳᠤ ᠴᠢᠬᠤᠯᠠ ᠠᠴᠢᠬᠤᠯᠠᠯ ᠲᠠᠢ ᠬᠡᠷᠡᠭ ᠶᠤᠮ ᠄

ᠬᠡᠮᠵᠢᠶ᠎ᠡ ᠶᠢᠨ ᠬᠡᠷᠡᠭᠯᠡᠭᠡ᠂ ᠪᠣᠯᠪᠠᠰᠤᠷᠠᠯ ᠤᠨ ᠬᠡᠷᠡᠭ ᠳᠦ ᠬᠠᠮᠢᠶᠠᠷᠠᠬᠤ ᠬᠠᠷᠢᠭᠤᠴᠠᠯᠭ᠎ᠠ ᠶᠢ ᠪᠠᠲᠤᠯᠠᠬᠤ ᠬᠡᠷᠡᠭᠲᠡᠢ ᠄

(ᠨᠢᠭᠡ) ᠪᠣᠯᠪᠠᠰᠤᠷᠠᠯ ᠤᠨ ᠬᠡᠮᠵᠢᠶ᠎ᠡ ᠶᠢᠨ ᠪᠠᠲᠤᠯᠠᠯ

ᠪᠣᠯᠪᠠᠰᠤᠷᠠᠯ ᠤᠨ ᠦᠶ᠎ᠡ ᠳᠦ ᠬᠠᠳᠠᠭᠠᠯᠠᠬᠤ ᠬᠡᠮᠵᠢᠶ᠎ᠡ᠂ ᠬᠠᠳᠠᠭᠠᠯᠠᠬᠤ ᠴᠠᠭ ᠤᠨ ᠬᠡᠮᠵᠢᠶ᠎ᠡ ᠶᠢ ᠲᠣᠭᠲᠠᠭᠠᠬᠤ ᠪᠠ᠂ ᠦᠷ᠎ᠡ ᠶᠢᠨ ᠴᠢᠨᠠᠷ ᠤᠨ ᠬᠡᠮᠵᠢᠶ᠎ᠡ ᠶᠢ ᠬᠠᠮᠢᠶᠠᠷᠠᠬᠤ ᠬᠡᠷᠡᠭᠲᠡᠢ ᠄ ᠦᠷ᠎ᠡ ᠶᠢᠨ ᠬᠠᠳᠠᠭᠠᠯᠠᠮᠵᠢ ᠶᠢ ᠪᠠᠲᠤᠯᠠᠬᠤ ᠶᠢᠨ ᠲᠥᠯᠥᠭᠡ᠂ ᠬᠠᠳᠠᠭᠠᠯᠠᠬᠤ ᠪᠠᠢᠷᠢ ᠶᠢᠨ ᠴᠢᠭᠢᠭ᠂ ᠳᠤᠯᠠᠭᠠᠴᠠ ᠶᠢᠨ ᠬᠡᠮᠵᠢᠶ᠎ᠡ ᠶᠢ ᠬᠠᠮᠢᠶᠠᠷᠠᠨ ᠪᠣᠯᠪᠠᠰᠤᠷᠠᠭᠤᠯᠬᠤ ᠳᠤ᠂ ᠦᠷ᠎ᠡ ᠶᠢᠨ ᠴᠢᠨᠠᠷ ᠢ ᠬᠠᠮᠢᠶᠠᠷᠠᠨ ᠲᠣᠭᠲᠠᠭᠠᠬᠤ ᠬᠡᠷᠡᠭᠲᠡᠢ ᠄ ᠦᠷ᠎ᠡ ᠶᠢᠨ ᠴᠢᠭᠢᠭ ᠤᠨ ᠬᠡᠮᠵᠢᠶ᠎ᠡ ᠬᠡᠲᠦᠷᠡᠭᠰᠡᠨ ᠪᠣᠯ᠂ ᠦᠷ᠎ᠡ ᠶᠢᠨ ᠬᠠᠳᠠᠭᠠᠯᠠᠮᠵᠢ ᠳᠤ ᠬᠣᠣᠷ ᠲᠠᠢ᠂ ᠬᠠᠳᠠᠭᠠᠯᠠᠬᠤ ᠪᠠᠢᠷᠢ ᠶᠢᠨ ᠳᠤᠯᠠᠭᠠᠴᠠ ᠬᠡᠲᠦᠷᠡᠪᠡᠯ᠂ ᠦᠷ᠎ᠡ ᠶᠢᠨ ᠠᠮᠢᠰᠬᠤᠯ ᠬᠦᠴᠦᠳᠡᠨ ᠢᠳᠡᠪᠬᠢᠵᠢᠨ᠂ ᠦᠷ᠎ᠡ ᠶᠢᠨ ᠴᠢᠨᠠᠷ ᠪᠠᠭᠤᠷᠠᠨ᠎ᠠ ᠄ ᠡᠢᠮᠦ ᠡᠴᠡ ᠪᠣᠯᠪᠠᠰᠤᠷᠠᠭᠤᠯᠬᠤ᠂ ᠬᠠᠳᠠᠭᠠᠯᠠᠬᠤ ᠳᠤ ᠦᠷ᠎ᠡ ᠶᠢᠨ ᠴᠢᠭᠢᠭ ᠢ ᠬᠠᠮᠢᠶᠠᠷᠠᠬᠤ ᠪᠡᠷ᠂ ᠦᠷ᠎ᠡ ᠶᠢᠨ ᠬᠠᠳᠠᠭᠠᠯᠠᠮᠵᠢ ᠶᠢᠨ ᠬᠡᠮᠵᠢᠶ᠎ᠡ ᠳᠦ ᠬᠦᠷᠬᠦ ᠶᠢᠨ ᠲᠥᠯᠥᠭᠡ ᠪᠣᠯᠪᠠᠰᠤᠷᠠᠭᠤᠯᠤᠨ᠎ᠠ᠂ ᠦᠷ᠎ᠡ ᠳᠦ ᠬᠣᠣᠷ ᠦᠭᠡᠢ ᠪᠠ ᠦᠷ᠎ᠡ ᠶᠢᠨ

入库种子根据贮藏目的、仓库条件、种子种类及种子数量等情况进行堆放，一般的堆放形式有袋装堆放和散装堆放两种。

袋装堆放时，为管理和检查方便，堆垛时应距离墙壁0.5 m，垛与垛之间相距0.6 m，留操作道，垛高和垛宽根据种子干燥程度和种子状况而增减。含水量高的种子，垛越狭越好，便于通气，散去种子内的水汽和热量；干燥种子可垛宽些。堆垛的方向应与库房的门窗相平行，有利于空气流通。

在种子数量多、仓容不足或包装工具缺乏时，多采用散装堆放，此法适宜存放充分干燥、净度高的种子。

2. 贮藏期间种子的检查

种子的生命活动影响着仓内环境的变化，同时外界环境的变化也影响着种子堆温度和湿度的变化。为了使种子安全贮藏，在贮藏期间要定期检查仓内影响种子的各种因素，以便及时处理。

（1）种温的检查：种温的变化一般能反映出贮藏种子的安全状况，而且检查方法简单易行。检查温度的仪器有曲柄温度计、遥测温度计和杆状温度计等。检查种温需要划区定点，如散装种子在种子堆100 m^2面积范围内，分成上、中、下三层，每层5个检查点，共15处。包装种子则用波浪形设点的测定方法。如种子堆面积超出100 m^2时，要增加检查点。另外，对有怀疑的区域，如靠墙壁、屋角、近窗处以及有漏水渗水部位，应增加辅助点。一天内的检查时间以上午9：00～10：00为好。

（2）种子水分的检查：根据种子水分的变化规律，检查时仍需划区定点，一般散装种子以25 cm^2为一小区，分三层5点，设15个检查点取样。各点取出的种子混合后进行分析。对有怀疑的检查点，所取出的样品应单独分开。分析方法：先用感观法，通过种子色泽、潮湿与否、有无霉味、是否松脆，确定是否需要进行仪器检查。检查周期，一年中第一、第四季度每季一次，第二、第三季度每月一次。

ᠲᠣᠭᠣᠰᠤᠯᠠᠯᠲᠠ᠂ ᠪᠣᠯᠪᠠᠰᠤᠷᠠᠯᠲᠠ ᠦᠷᠡᠵᠢᠯ ᠦᠨ ᠦᠷᠡᠵᠢᠯ ᠪᠠᠢᠳᠠᠯ ᠤᠨ ᠬᠡᠮᠵᠢᠶ᠎ᠡ ᠪᠣᠯᠤᠨ ᠪᠣᠯᠤᠰᠤ ᠶᠢᠨ ᠲᠣᠭ᠎ᠠ᠂ ᠲᠣᠭᠣᠰᠤᠯᠠᠯᠲᠠ ᠦᠷᠡᠵᠢᠯ ᠦᠨ ᠬᠠᠮᠢᠶ᠎ᠠ ᠶᠢ ᠲᠣᠳᠣᠷᠬᠠᠶᠢᠯᠠᠨ᠎ᠠ᠃ ᠦᠷᠡᠵᠢᠯ ᠦᠨ ᠪᠠᠢᠳᠠᠯ ᠢ ᠲᠣᠳᠣᠷᠬᠠᠶᠢᠯᠠᠬᠤ ᠳᠤ ᠳᠡᠭᠡᠵᠢ ᠶᠢᠨ ᠬᠡᠰᠡᠭ ᠲᠦ ᠪᠠᠨ ᠬᠡᠮᠵᠢᠶ᠎ᠡ ᠳᠤ ᠪᠠᠷᠢᠮᠵᠢᠯᠠᠨ ᠬᠡᠮᠵᠢᠨ᠎ᠡ᠄ ᠦᠷ᠎ᠡ ᠶᠢᠨ ᠬᠡᠮᠵᠢᠶ᠎ᠡ ᠶᠢ ᠲᠣᠭᠠᠴᠠᠨ᠎ᠠ᠂ ᠦᠷ᠎ᠡ ᠶᠢᠨ ᠦᠨᠳᠦᠷ ᠦᠨ ᠳᠡᠭᠡᠵᠢ ᠪᠠᠢᠳᠠᠯ ᠤᠨ ᠪᠣᠯᠤᠨ ᠦᠷᠡᠵᠢᠯ ᠦᠨ ᠲᠠᠯᠠᠪᠠᠢ ᠳᠤ ᠪᠠᠢᠭ᠎ᠠ ᠦᠷ᠎ᠡ ᠶᠢᠨ ᠲᠣᠭ᠎ᠠ ᠶᠢ ᠲᠣᠭᠠᠴᠠᠨ᠎ᠠ᠃ ᠨᠢᠭᠡ ᠮᠥᠷ ᠲᠦ ᠶᠠᠭ 25 cm^2 ᠶᠢᠨ ᠬᠡᠮᠵᠢᠶ᠎ᠡ ᠲᠠᠯᠠᠪᠠᠢ ᠬᠡᠮᠵᠢᠬᠦ᠂ ᠲᠠᠯᠠᠪᠠᠢ ᠳᠡᠭᠡᠵᠢ 5 ᠮᠥᠷ ᠬᠡᠮᠵᠢᠬᠦ᠂ 15 ᠪᠣᠯᠪᠠᠰᠤᠷᠠᠯ ᠦᠷ᠎ᠡ ᠳᠤ ᠪᠠᠢᠭ᠎ᠠ ᠦᠷ᠎ᠡ ᠶᠢᠨ ᠲᠣᠭ᠎ᠠ ᠶᠢ ᠲᠣᠭᠠᠴᠠᠨ᠎ᠠ᠃ ᠡᠨᠡ ᠨᠢ ᠪᠣᠯᠪᠠᠰᠤᠷᠠᠯ ᠤᠨ ᠬᠡᠮᠵᠢᠶ᠎ᠡ ᠪᠣᠯᠤᠨ ᠦᠷ᠎ᠡ ᠶᠢᠨ ᠪᠠᠢᠳᠠᠯ ᠢ ᠲᠣᠳᠣᠷᠬᠠᠶᠢᠯᠠᠬᠤ ᠠᠷᠭ᠎ᠠ ᠮᠥᠨ᠃

（2）ᠦᠷ᠎ᠡ ᠶᠢᠨ ᠲᠣᠭ᠎ᠠ ᠪᠠ ᠪᠣᠯᠤᠰᠤ ᠶᠢᠨ ᠲᠣᠭᠠᠴᠠᠬᠤ᠄ ᠦᠷ᠎ᠡ ᠶᠢᠨ ᠲᠣᠭ᠎ᠠ ᠪᠠ ᠲᠣᠭᠠᠴᠠᠭᠠᠨ ᠤ ᠠᠷᠭ᠎ᠠ᠃

ᠲᠣᠭᠠᠴᠠᠬᠤ ᠦᠶ᠎ᠡ ᠳᠦ ᠰᠢᠯᠢᠨ ᠰᠣᠩᠭᠣᠭᠰᠠᠨ ᠬᠡᠰᠡᠭ ᠦᠨ ᠬᠡᠮᠵᠢᠭᠦᠷ ᠪᠣᠯᠪᠠᠰᠤᠷᠠᠯ ᠤᠨ ᠴᠠᠭ ᠲᠦ ᠲᠠᠷᠢᠮᠠᠯ ᠤᠨ ᠬᠡᠰᠡᠭ 9:00 ~ 10:00 ᠴᠠᠭ ᠲᠤ ᠰᠣᠩᠭᠣᠨ᠎ᠠ᠃ ᠨᠢᠭᠡ ᠬᠡᠰᠡᠭ ᠲᠦ 100 m^2 ᠲᠠᠯᠠᠪᠠᠢ ᠲᠠᠢ ᠪᠣᠯᠪᠠᠰᠤᠷᠠᠯ ᠤᠨ ᠬᠡᠰᠡᠭ ᠢ ᠰᠣᠩᠭᠣᠨ᠎ᠠ᠃ ᠬᠡᠰᠡᠭ ᠦᠨ ᠳᠣᠲᠣᠷ᠎ᠠ 15 ᠴᠠᠭ ᠲᠦ ᠰᠣᠩᠭᠣᠨ᠎ᠠ᠃ ᠰᠣᠩᠭᠣᠭᠰᠠᠨ ᠦᠷ᠎ᠡ ᠶᠢ ᠬᠡᠮᠵᠢᠬᠦ ᠴᠠᠭ ᠲᠦ ᠲᠣᠭᠠᠴᠠᠨ᠎ᠠ᠃ ᠨᠢᠭᠡ ᠦᠷ᠎ᠡ ᠶᠢᠨ ᠬᠡᠮᠵᠢᠶ᠎ᠡ ᠶᠢ 100 m^2 ᠲᠠᠯᠠᠪᠠᠢ ᠳᠤ ᠳᠠᠬᠢᠨ ᠬᠡᠮᠵᠢᠵᠦ᠂ ᠦᠷ᠎ᠡ ᠶᠢᠨ ᠲᠣᠭ᠎ᠠ᠂ ᠪᠣᠯᠪᠠᠰᠤᠷᠠᠯ᠂ ᠦᠷ᠎ᠡ ᠶᠢᠨ ᠬᠡᠮᠵᠢᠶ᠎ᠡ ᠶᠢ ᠲᠣᠭᠠᠴᠠᠭᠠᠳ 5 ᠲᠣᠭᠠᠴᠠᠭᠠᠨ ᠤ ᠳᠤᠮᠳᠠᠳᠤ ᠬᠡᠮᠵᠢᠶ᠎ᠡ ᠶᠢ ᠠᠪᠤᠨ᠎ᠠ᠃ ᠡᠨᠡ ᠨᠢ ᠦᠷ᠎ᠡ ᠶᠢᠨ ᠪᠣᠯᠤᠰᠤ ᠶᠢᠨ ᠲᠣᠭ᠎ᠠ ᠪᠣᠯᠤᠨ ᠦᠷ᠎ᠡ ᠶᠢᠨ ᠪᠣᠯᠪᠠᠰᠤᠷᠠᠯ ᠤᠨ ᠬᠡᠮᠵᠢᠶ᠎ᠡ ᠶᠢ ᠲᠣᠭᠠᠴᠠᠬᠤ ᠠᠷᠭ᠎ᠠ ᠮᠥᠨ᠃

（1）ᠦᠷ᠎ᠡ ᠶᠢᠨ ᠬᠡᠮᠵᠢᠶ᠎ᠡ ᠪᠠ ᠲᠣᠭᠠᠴᠠᠬᠤ᠄ ᠦᠷ᠎ᠡ ᠶᠢᠨ ᠬᠡᠮᠵᠢᠶ᠎ᠡ ᠪᠠ ᠲᠣᠳᠣᠷᠬᠠᠶᠢᠯᠠᠬᠤ ᠳᠤ ᠦᠷ᠎ᠡ ᠶᠢᠨ ᠬᠡᠮᠵᠢᠶ᠎ᠡ ᠪᠠ ᠲᠣᠭᠠᠴᠠᠬᠤ ᠬᠡᠷᠡᠭᠲᠡᠢ᠃

2. ᠦᠷ᠎ᠡ ᠶᠢᠨ ᠪᠣᠯᠤᠰᠤ ᠶᠢᠨ ᠲᠣᠭᠠᠴᠠᠬᠤ ᠠᠷᠭ᠎ᠠ

ᠦᠷ᠎ᠡ ᠶᠢᠨ ᠪᠣᠯᠪᠠᠰᠤᠷᠠᠯ ᠤᠨ ᠴᠠᠭ ᠲᠦ ᠦᠷ᠎ᠡ ᠶᠢᠨ ᠬᠡᠮᠵᠢᠶ᠎ᠡ ᠪᠠ ᠲᠣᠭᠠᠴᠠᠬᠤ ᠳᠤ ᠰᠣᠩᠭᠣᠭᠰᠠᠨ ᠬᠡᠰᠡᠭ ᠦᠨ ᠦᠷ᠎ᠡ ᠶᠢ ᠬᠠᠳᠠᠵᠤ᠂ ᠦᠷ᠎ᠡ ᠶᠢᠨ ᠲᠣᠭ᠎ᠠ ᠪᠠ ᠪᠣᠯᠤᠰᠤ ᠶᠢᠨ ᠬᠡᠮᠵᠢᠶ᠎ᠡ ᠪᠠ ᠲᠣᠭᠠᠴᠠᠵᠤ᠂ ᠨᠢᠭᠡ ᠮᠥᠷ ᠦᠨ ᠬᠡᠮᠵᠢᠶ᠎ᠡ ᠪᠠ ᠲᠣᠳᠣᠷᠬᠠᠶᠢᠯᠠᠨ᠎ᠠ᠃

ᠦᠷ᠎ᠡ ᠶᠢᠨ ᠪᠣᠯᠪᠠᠰᠤᠷᠠᠯ ᠤᠨ ᠬᠡᠮᠵᠢᠶ᠎ᠡ ᠪᠣᠯᠤᠨ ᠲᠠᠷᠢᠮᠠᠯ ᠤᠨ ᠬᠡᠮᠵᠢᠶ᠎ᠡ ᠶᠢ ᠲᠣᠭᠠᠴᠠᠬᠤ ᠳᠤ᠂ ᠲᠠᠷᠢᠮᠠᠯ ᠤᠨ ᠬᠡᠮᠵᠢᠶ᠎ᠡ ᠪᠣᠯᠤᠨ ᠰᠣᠩᠭᠣᠭᠰᠠᠨ ᠬᠡᠰᠡᠭ ᠦᠨ ᠬᠡᠮᠵᠢᠶ᠎ᠡ ᠶᠢ ᠲᠣᠳᠣᠷᠬᠠᠶᠢᠯᠠᠨ᠎ᠠ᠃ ᠲᠠᠷᠢᠮᠠᠯ ᠤᠨ ᠦᠷ᠎ᠡ ᠶᠢᠨ ᠬᠡᠮᠵᠢᠶ᠎ᠡ ᠶᠢ ᠲᠣᠭᠠᠴᠠᠬᠤ ᠳᠤ ᠰᠣᠩᠭᠣᠭᠰᠠᠨ ᠬᠡᠰᠡᠭ ᠲᠦ ᠮᠥᠷ ᠦᠨ ᠵᠠᠢ 0.6 m ᠪᠠᠢᠬᠤ ᠪᠣᠯᠪᠠᠰᠤ᠂ ᠲᠠᠷᠢᠮᠠᠯ ᠤᠨ ᠬᠡᠮᠵᠢᠶ᠎ᠡ᠂ ᠮᠥᠷ ᠦᠨ ᠤᠷᠲᠤ ᠶᠢ ᠬᠡᠮᠵᠢᠬᠦ᠂ ᠦᠷ᠎ᠡ ᠶᠢᠨ ᠬᠡᠮᠵᠢᠶ᠎ᠡ ᠶᠢ 0.5 m ᠪᠠᠢᠬᠤ ᠪᠠᠷ ᠲᠣᠭᠠᠴᠠᠨ᠎ᠠ᠃ ᠡᠨᠡ ᠨᠢ ᠬᠡᠮᠵᠢᠶ᠎ᠡ ᠶᠢᠨ ᠬᠡᠮᠵᠢᠬᠦ ᠠᠷᠭ᠎ᠠ ᠮᠥᠨ᠃ ᠦᠷ᠎ᠡ ᠶᠢᠨ ᠲᠣᠭ᠎ᠠ᠂ ᠦᠷ᠎ᠡ ᠶᠢᠨ ᠬᠡᠮᠵᠢᠶ᠎ᠡ ᠪᠠ ᠲᠣᠭᠠᠴᠠᠭᠠᠳ ᠦᠷ᠎ᠡ ᠶᠢᠨ ᠪᠣᠯᠤᠰᠤ ᠶᠢᠨ ᠲᠣᠭ᠎ᠠ ᠶᠢ

（3）仓库害虫及鼠雀检查：仓库害虫随温度的变化而迁移，春季移向南（偏东）面0.33 m以下的部位，夏季多集中在种子堆表面，秋季移向靠北（偏西）0.33 m以下的部位，冬季则移向种子堆1 m以下的部位。冬季温度低，害虫危害少，春季气温回升，危害逐渐增大；秋季气温下降，危害逐渐减少。

一般采用筛检法，把虫子筛下来，分析害虫的种类及活虫头数。筛检害虫的周期，可根据气温、种温而定。一般冬季温度在15℃以下，每2～3个月检查一次，春、秋温度在15～20℃时，每月检查一次。温度超过20℃，每月检查两次。夏季高温期，每周检查一次。

另外，注意鼠、雀的检查，看仓库及种子堆旁有没有粪便、爪印、死尸及咬食的碎片、破碎的种子等。

（4）发芽率检查：种子在贮藏期间，其发芽率因贮藏条件和贮藏时间不同而发生变化。对种子进行定期发芽检查十分必要。根据发芽率的变化情况，及时采取措施，改善贮藏条件，以免造成损失。

一般情况下，种子发芽率应每4个月检查一次。在高温或低温之后，以及药剂熏蒸之后，都应检查一次。最后一次检查不得迟于种子出库前10天。

（5）检查结果：每次检查的结果必须详细记录和保存，以备前后对比分析参考，有利于发现问题，及时改进工作。

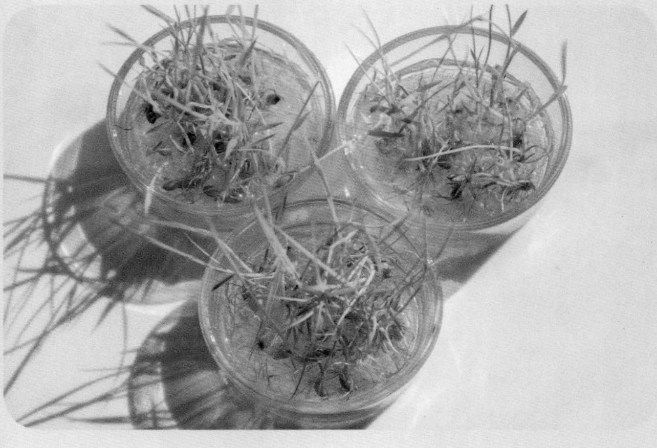

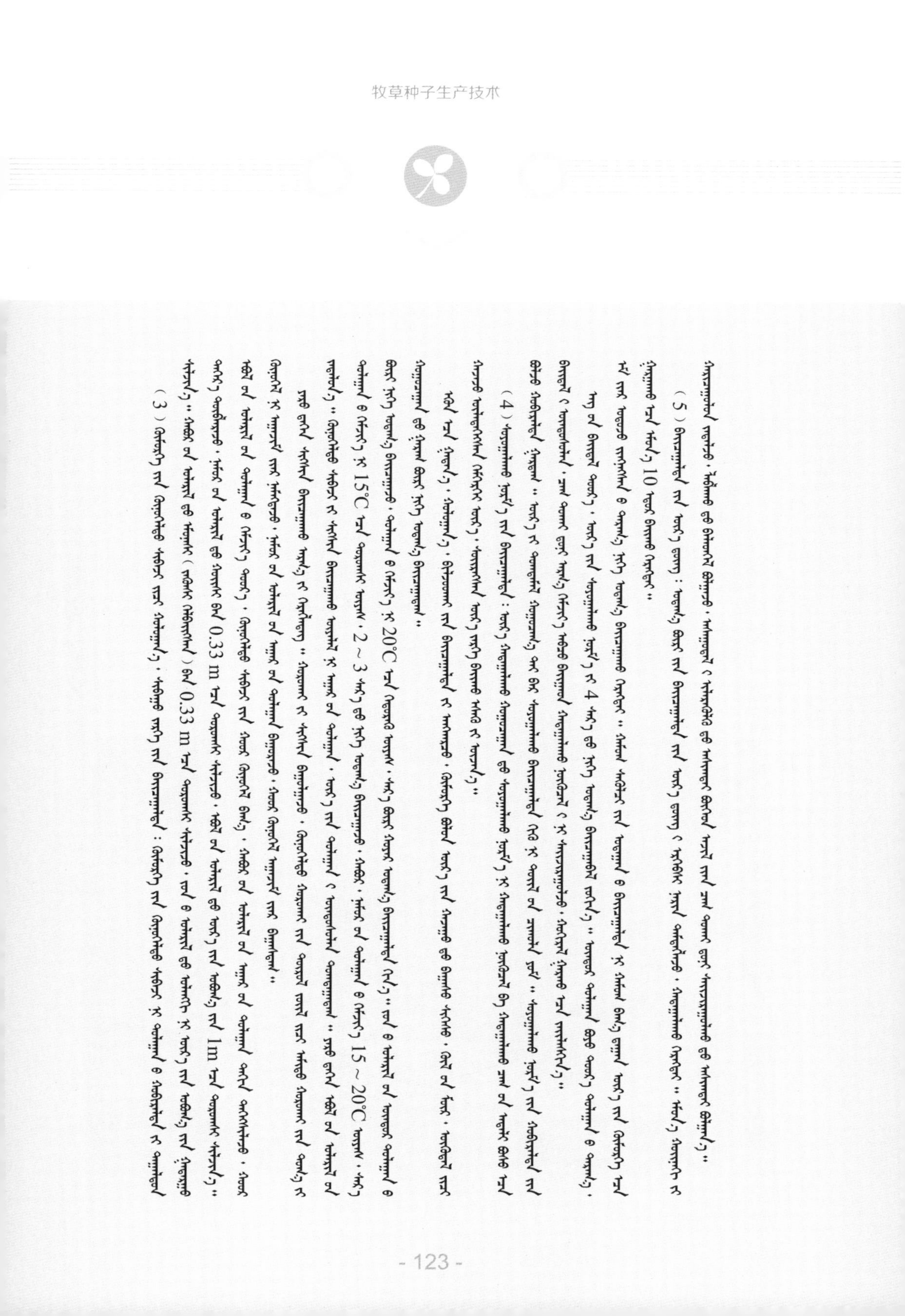

3. 贮藏种子的合理通风

普通种子贮藏库的种子入库后，无论是长期贮藏还是短期贮藏，都要在适当时候进行通风。通风可以降低温度和水分，使种子保持较干燥和较低温度，有利于抑制种子生理活动和害虫、霉菌等危害；也可维持种子堆内温度的均衡性，不至于因温差而发生水分转移；仓内药物熏蒸之后，也必须经过通风才能排除毒气；对有发热症状或经过机械烘干的种子，则更需要通风散热。

一天当中利用早晨或傍晚低温时间通风。按照外面温度和湿度低于仓内温度和湿度时通风的原则进行仓库通风。种子堆内发热时要通风。一年之中，在气温上升季节的3～8月，气温高于种温，通常不宜通风，以密闭库为主，这样可延长仓内低温时间；在气温下降的9月至翌年2月，气温低于种温，以通风贮藏为主。

通常采用自然通风和机械通风的方法对贮藏种子进行通风，以降低仓库温度和湿度。

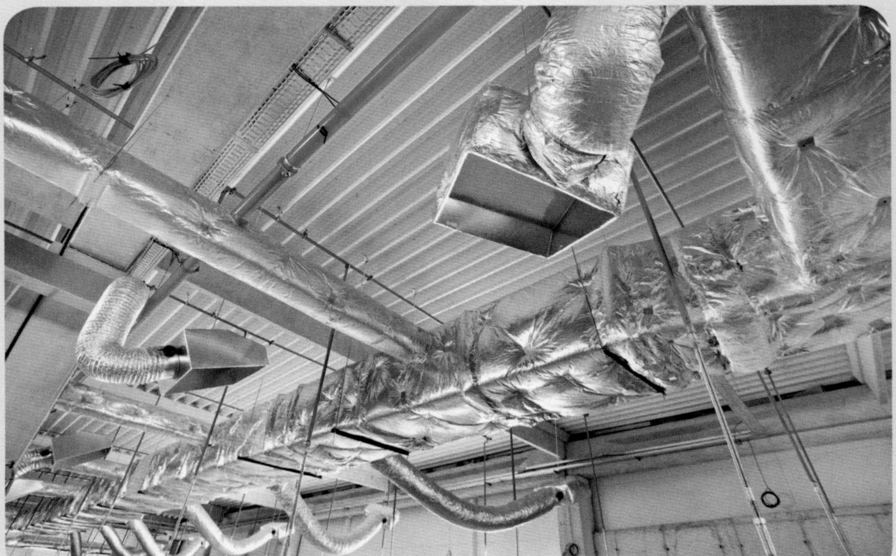

贮藏库内通风及测温系统

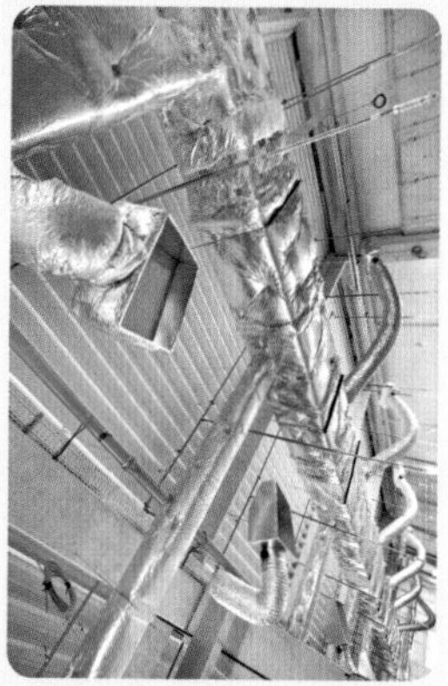